SOIRÉES
LITTÉRAIRES.

TOME PREMIER.

S'occuper, c'est savoir jouir ;
L'oisiveté pèse et tourmente.
L'ame est un feu qu'il faut nourrir,
Et qui s'éteint s'il ne s'augmente.
Voltaire.

ROUEN. IMPRIMERIE DE NICÉTAS PERIAUX,
RUE DE LA VICOMTÉ, N° 55.

SOIRÉES LITTÉRAIRES,

OU

COURS DE LITTÉRATURE

A l'usage des Gens du Monde,

PROFESSÉ A ROUEN

Par M. Ch. DURAND,

RECUEILLI ET ANNOTÉ

Par M. TOUGARD.

—

TOME PREMIER.

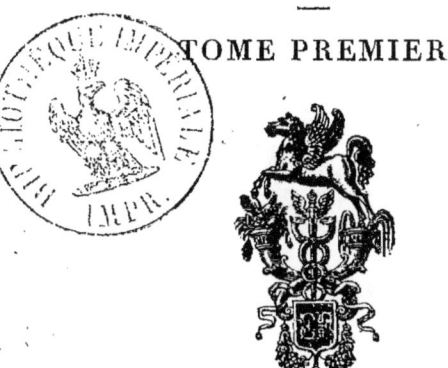

ROUEN.

ÉDOUARD FRÈRE, ÉDITEUR,

LIBRAIRE DE LA BIBLIOTHÈQUE PUBLIQUE.

—

M. DCCC. XXVIII.

AVERTISSEMENT.

Parmi les délassemens de l'esprit, la littérature est au premier rang, et de tous les travaux le plus indispensable pour le triomphe des idées véritablement utiles à l'humanité, c'est la connaissance de la philosophie. Ces deux objets d'études réunis forment la base de ce que j'ai toujours cru le plus important pour le bonheur social. J'ai souvent dit et très-fréquemment écrit cette vérité. Une occasion solennelle s'est présentée de mettre en pratique mes principes à ce sujet, c'est-à-dire de propager cette instruction littéraire et philosophique à laquelle est réservée la conquête du genre humain ; je l'ai saisie avec empressement.

M. Ch. Durand se présenta dans notre ville il y a quelques mois ; je le connaissais par ses écrits et par ses talens dans l'art oratoire, par le compte très-avantageux qu'avaient rendu de ses cours de littérature, les journaux de Genève et de Lyon. Son projet n'était point de s'arrêter à Rouen, mais de se rendre au Havre; il avait même sur nous quelques impressions défavorables. Je l'engageai à nous donner quelques soirées littéraires : Je n'aurai personne, me répondit-il. — Détrompez-vous, lui dis-je; je vous promets un nombreux auditoire. — Mais les idées et les occupations commerciales absorbent, m'a-t-on assuré, tous les instans des habitans de votre ville? — Il est vrai que mes concitoyens se livrent beaucoup aux arts, au commerce et à l'industrie ; mais les idées du siècle ont avancé ici rapidement. Nos jeunes gens sont généralement instruits; plusieurs de nos commerçans ne sont pas étrangers à l'étude d'Horace et de Virgile. Vous aurez pour auditeurs une partie du barreau, plusieurs médecins, des magistrats, des personnes qui, par état, s'occupent des sciences : puis je ne vous cite pas les curieux. Je vous réponds du succès. — Mais les dames n'assisteront pas à mon cours; on me l'a dit. — Erreur : nos dames aiment la poésie ; elles seront enchantées d'avoir l'occasion d'entendre de beaux vers. L'instruction chez elles a fait aussi des progrès immenses. Donnez quelques séances préparatoires, et vous verrez si la patrie des Corneille, de Fontenelle et de Boïeldieu, est indigne de les avoir vu naître ? — Vous le voulez, j'y consens ; mais si ma voix se perd dans le désert, je vous en aurai prévenu, et vous aurez presque compromis la littérature. — Je vous réponds du contraire. — Vous le voulez, allons, c'est une chose décidée.

Telle fut ma première conversation avec M. Durand. Nos lecteurs savent actuellement comment le charme des improvisations du professeur a répondu à tout ce que j'en attendais.

Mais le dirai-je ; ce n'était pas assez pour moi d'avoir obtenu de nombreux souscripteurs au cours de littérature ; je voulais encore qu'il nous restât des traces de cette bonne fortune qui nous avait amené M. Durand ; je voulais de plus élever en mémoire de cet heureux événement un monument durable. J'avais bien auguré de mes concitoyens; ils avaient répondu à ma juste attente ; je ne voulus donc pas que les leçons qu'ils suivaient avec tant d'empressement fussent pour ainsi dire perdues, car ce qui n'est conservé que dans un vague souvenir est bientôt effacé. Je proposai à M. Durand de tachygraphier ses discours, et d'y joindre quelques notes ; il y consentit ; nous fîmes ensuite nos propositions à M. Ed. Frère, libraire à Rouen, qui a déjà fait beaucoup pour la littérature normande ; il accepta notre offre, et devint l'éditeur du Cours. Il confia l'impression de l'ouvrage aux soins de

M. Nicétas Periaux, dont on peut juger les travaux typographiques par l'exécution de ce livre : voilà ce que j'ai fait, et ce que nous avons tous exécuté avec zèle.

J'ai donc voulu conserver le souvenir d'un événement aussi doux à mon cœur qu'agréable à mon esprit. Trop heureux si j'ai pu offrir quelque chose qui puisse plaire aux amis de la littérature et de la philosophie !

J. F. TOUGARD.

Rouen, le 12 Mai 1828.

INTRODUCTION.

Montesquieu faisant une préface, disait : si mon livre est bon, il se recommandera assez par lui-même ; s'il est mauvais, je ne me soucie pas qu'on le lise.

On pardonne ce langage à Montesquieu. Si je croyais avoir son génie, je serais aussi tranchant peut-être ; mais pour nous autres auteurs vulgaires, il existe mille raisons d'être modestes. A peine avons-nous écrit, que nous voudrions recommencer notre ouvrage. Essayons-nous de le refaire, nous reconnaissons bientôt qu'il ne vaut guère mieux qu'auparavant. Hors quelques inégalités sublimes, la république des lettres se compose d'une immense population de même taille. Un géant paraît-il, nous l'admirons tous, nous sautons tous pour l'atteindre, et nous retombons sur nos petits pieds comme auparavant.

Pourquoi écrivez-vous? nous dira-t-on. Notre réponse est simple. Il n'y a pas un homme qui ne porte au fond de son ame le désir d'être utile à ses semblables. Une foule de vérités restent encore incertaines ou inconnues; il faut bien que quelqu'un s'en occupe. Quiconque pense avoir fait une découverte utile, est coupable s'il n'en offre l'hommage à la société, dont il est membre. Or, les découvertes scientifiques et industrielles ne sont pas plus utiles à cette société que la littérature, qui éclaire les hommes, que la morale, qui en fait de bons citoyens.

Considéré isolément, l'ouvrage d'un seul est souvent un faible tribut; mais, dans les besoins généraux de l'intelligence, dans ces besoins si multipliés, si variés, si pressans, il faut des principes pour tous les genres d'esprit, des alimens pour toutes les imaginations si diversement actives.

Ésope raconte qu'un oiseau voyant de l'eau au fond d'un vase, s'occupa d'y transporter, l'un après l'autre, un grand nombre de petits cailloux. Le vase se remplissant ainsi, l'eau monta progressivement jusqu'au bord, et l'ingénieux artiste put alors boire à son aise. Cette eau, c'est la science, dont nous avons soif, tous tant que nous sommes. L'esprit paresseux de l'homme ne va pas la chercher au fond du puits où elle réside; mais, dans l'impuissance de faire beaucoup, un seul caillou jeté dans le puits de vérité est un service que l'humanité réclame. Chaque effort particulier tend ainsi à accélérer le jour où les peuples pourront s'abreuver en masse à la source des lumières et de la vérité.

Il faut donc que le lecteur s'accoutume à ne considérer l'ouvrage qu'il va lire que sous ce point de vue. Ce n'est pas un livre que l'auteur a voulu faire : il a cru avoir quelques pensées utiles; il les a énoncées de vive voix; un ami les a écrites, un libraire les a presque aussitôt publiées : et voilà comment des paroles abandonnées au vent comme les feuilles de la Sybille, ont fini par former un ouvrage en deux volumes, composé, rédigé et publié dans l'espace de deux mois.

Expliquer la chose, c'est en excuser les imperfections. Mais il faut aller plus loin : il faut établir la nécessité de cette publication, et en ma qualité d'auteur je dois exposer ici mon sentiment.

Sait-on ce qui manque au peuple français pour être le peuple le plus éclairé du monde? Le désir de l'être. Lui inspirer ce désir, c'est être sûr qu'il ne sera pas vain. Il ne faut pas s'embarrasser du reste.

Que l'on me permette maintenant une comparaison.

Pourquoi y a-t-il des incrédules, malgré nos bons prédicateurs ? C'est qu'ils ne parlent que dans les églises, où les incrédules ne vont pas; et comme ils ne prêcheront jamais que là, et que ceux-ci n'iront jamais les entendre, il est évident que c'est un cas désespéré. Ce qu'il faudrait leur donner, c'est le désir d'y aller.

Pourquoi les personnes de la société ne sont-elles pas toutes instruites? Ce n'est pas que les bons ouvrages manquent, ni les cours de littérature; mais on ne les lit pas; et comme eux seuls conseillent l'étude, et que les parcourir c'est déjà étudier, ceux qui aiment l'étude avec ces livres, sont ceux qui l'aimaient auparavant. Ce qui manque aux autres hommes, c'est donc le goût de la lecture.

On voit, par ce seul exposé, que pour être véritablement utile il ne s'agit pas d'ajouter un bon ouvrage à tous ceux que nous possédons déjà; mais plutôt de répandre partout le désir qui portera tout le monde à les lire.

Telle est la tâche que je me suis imposée. Par un goût naturel et un violent désir d'être utile à mon pays, je me suis, en mon nom et de mon autorité privée, constitué le missionnaire de la philosophie, de la littérature, des lumières, comme d'autres le sont de la religion. Tolérant pour toutes les opinions qui ne me semblent être que des applications diverses de l'intelligence, je plaide pour l'intelligence elle-même. Je raconte son histoire chez tous les peuples; je décris sa nature et ses progrès. Je dis quelles causes l'ont développée, comment elle a triomphé, par sa force morale, de la puissance brutale des bataillons. Tantôt je me plais à la peindre animant la poésie et ses allégories touchantes; tantôt je la retrace plus sévère dans ses formes, et se refugiant dans l'éloquence pour résister à la tyrannie. Ici elle tonne dans la chaire; là elle arrache des pleurs dans des récits attendrissans. Poésie, art oratoire, sciences profondes, brillantes improvisations, tout me paraît être une expression dont est revêtue la pensée de l'homme; c'est toujours elle, c'est toujours l'intelligence immortelle que je poursuis à travers toutes ces formes diverses; je la sens, je m'efforce de la saisir, et, m'exaltant avec elle, je l'explique avec abandon, avec enthousiasme et avec amour.

On voit que ma tâche est immense, et que les discours de toute ma vie ne suffiront pas pour la remplir. Eh! qu'importe? J'aurai, en passant, jeté dans quelques ames une étincelle du feu sacré; j'aurai secoué les tièdes, réveillé les indolens : et ma mission sera terminée par d'autres, dont la jeune vigueur succédera à la mienne quand mes forces épuisées ne suffiront plus.

Chose inouïe! partout on désespère quand j'arrive, et partout le succès couronne mes efforts. A coup sûr, ce n'est point mon talent qui fait la réussite; et je prédis bonheur à qui s'en occupera avec le même zèle. Il y a au fond des esprits un besoin de savoir et de croire qui veut et qui doit être satisfait. Comme les sens physiques accoutumés à un long exercice ne peuvent souffrir le repos, l'ame de nos contemporains, que tant de révolutions politiques ont ballottée, ne peut plus rester inactive ou stationnaire. L'esprit agité veut un exercice moral; il n'est donné à personne de condamner la pensée à l'immobilité.

Cette disposition générale des esprits, cette direction naturelle vers l'étude, est commune à la France entière; mais ce que j'ai vu à Rouen en est une démonstration si complète, qu'il faut désormais s'occuper de marcher, sans plus agiter la question du mouvement.

Quel esprit habitué aux affaires et aux seules spéculations d'intérêt aurait prédit, il y a quelques années, qu'en 1828, six ou sept cents personnes se réuniraient régulièrement deux fois par semaine pour entendre parler de littérature ? Peu de gens même l'espéraient aujourd'hui, et l'affluence toujours croissante de mes bienveillans auditeurs a répondu suffisamment à ce préjugé anti-national. La cause des lumières est donc gagnée. Est-elle dignement servie ? Voilà une question que je redoute ; mais ma réponse est prête. Je suis le premier, et ma tâche était plus difficile. D'autres n'auront qu'à continuer l'ouvrage ; c'est à ceux-là qu'il est imposé de le perfectionner.

Une mémoire assez heureuse m'a servi sans doute; mais, qu'on ne s'y trompe pas, ce qui a perdu les sciences et la littérature, c'est le pédantisme. Quand le professeur paraît avec un livre à la main, il ne nous intéresse plus guère. Nous ne voulons pas qu'on nous fasse la lecture; nous voulons qu'on nous parle. Un long discours nous épouvante; une conversation facile nous attache. Sans livres, sans notes, sans aucun bagage doctoral, un homme improvisant ses opinions et récitant de mémoire ses citations n'ennuiera jamais, pour peu qu'il possède l'art de la parole et du geste. On peut m'en croire, car l'expérience me l'a appris : un discours parfaitement écrit, mais lu devant une assemblée nombreuse, n'aura jamais le succès qu'obtiendra une improvisation médiocre de style, si elle est nourrie de pensées et pleine de chaleur. La nature ne fit pas l'homme pour écrire ; parler est sa vocation. La vie est dans la parole ; le papier n'en conserve que le souvenir.

On a été d'abord surpris de voir une foule de dames assister à mes Soirées littéraires. Quelques hommes à préjugés ont semblé croire que ce n'était pas là leur place ; comme si des mères appelées à élever des citoyens instruits devaient être condamnées à ignorer ce que c'est que l'instruction ! Comme si les femmes, les filles, les sœurs de tous ceux qui s'occupent de littérature, devaient, quand il faut les juger et les applaudir, être l'objet d'une injurieuse récusation ! Les Anglais, les Allemands, sont sur ce sujet plus justes que nous, qui pourtant nous piquons de galanterie. Ils ne renvoient pas aux frivolités un sexe fait pour apprécier les choses nobles et véritablement utiles. Ce n'est pas vers les sciences, on le sait bien, ce n'est pas vers l'industrie que les femmes sont appelées par leur destination; mais la littérature n'est-elle pas à leur portée, et n'y a-t-il pas de l'injustice à les priver des douces jouissances qu'elle procure au cœur et à l'esprit? La place des femmes est plus aisée à désigner qu'on ne pense. Pour l'indiquer, il faut d'abord diviser les hommes en trois classes : 1° ceux qu'une disposition, que j'appelerai physique, porte de préférence vers la culture des choses matérielles et le perfectionnement des arts mécaniques; 2° ceux que des travaux purement intellectuels occupent d'une manière toute morale et scientifique; 3° ceux enfin qui, participant des uns et des autres, moins calculateurs que les industriels, moins profonds que les savans, excellent dans l'étude et dans la pratique des beaux-arts.

Laissant aux industriels le mérite d'accroître et de multiplier les productions des arts mécaniques, et à quelques génies forts, indépendans et profonds, le soin d'agrandir le domaine des sciences, cette troisième classe d'individus s'est pourtant dévouée au travail comme les premiers, et aux méditations comme les autres. Mais son travail n'a point été, comme l'industrie ordinaire, destiné à augmenter les commodités de la vie; et ses méditations, plus passionnées et moins graves, fuyant la sphère des idées spéculatives, se sont laissé entraîner par le torrent des sentimens doux ou malheureux de l'existence. Ainsi se sont formés les artistes, tenant pourtant aux industriels par les secrets de leurs travaux et l'exercice de leur art, et tenant aux savans par la culture de leur intelligence et les facultés brillantes de leur imagination.

C'est l'enthousiasme du cœur qui a empêché les artistes d'être des savans et des sages; et pourtant, ce qui les a élevés au-dessus des ouvriers vulgaires, c'est aussi l'enthousiasme du cœur. Ils ont été, plus que les philosophes, sensibles à la voix de la nature, au langage, aux faiblesses, aux égaremens des passions; mais ces faiblesses, ces égaremens, ils les ont ennoblis par un sentiment pur et vrai, par une exaltation généreuse, par un talent d'expression admirable; et ils se sont ouvert, par les beaux-arts, une vaste carrière où l'esprit et les sens sont également ravis et charmés.

Si la combinaison des travaux matériels avec l'intelligence pure a produit les artistes, les meilleurs assurément seront ceux qui joindront, à l'expression de la sensibilité la plus vraie, l'esprit et le goût le plus délicat. Or, ces qualités sont en général celles des femmes ; nous savons tous que, médiocres dans les arts mécaniques, et peu disposées à l'étude des sciences trop arides et trop abstraites, elles ont, par d'innombrables succès, prouvé que les beaux-arts ne leur étaient point étrangers. C'est donc dans le rang des artistes que les femmes occupent naturellement une place. Faut-il les détourner de cette vocation? faut-il les éloigner de la peinture, de la musique, de la littérature, de la poésie? C'est une question grave et digne d'être méditée ; car ce qui intéresse nos mères, nos épouses, nos filles et nos sœurs, ne peut être indifférent à tous les hommes capables de penser et de sentir.

Pour moi cette question est depuis long-temps résolue. Supposant, comme je l'ai fait, l'homme destiné par la nature et par la société à trois directions différentes, celle des arts mécaniques, celle des sciences et celle des beaux-arts, il m'est difficile de ne pas accorder que la vocation des femmes les appelle de préférence vers la dernière de ces trois carrières de l'esprit humain. Les procédés industriels ne sont pas, que je sache, l'étude favorite d'aucune d'elles. L'exemple de madame de Staël, et celui de madame Marcet, de Genève, ne suffisent pas, malgré leur droit à une imposante exception en politique et en économie publique, pour prouver que l'étude des sciences leur offre un accès facile. Je ne parle donc ici que des beaux-arts.

Mais que l'on n'aille pas croire que je les considère comme une superfluité sociale, et que je ne vois en eux que les enfans du luxe et de l'orgueil; le but élevé des beaux-arts n'échappe qu'aux esprits indignes de les juger. En religion, en politique, en morale, en philosophie, partout les beaux-arts se présentent pour occuper une place honorable. Qu'il s'agisse d'élever jusqu'aux cieux, avec une immense coupole, l'asile de la piété des hommes; que dans le temple saint le pinceau d'un Michel-Ange retrace à nos yeux les mystères doux ou menaçans d'une vie future; que l'Apollon triomphe, que le Laocoon souffre, que la Vénus rougisse et se cache; que les harmonies de l'univers frappent nos sens, et que l'homme, devenu créateur, perfectionne lui-même l'harmonie des sons et celle des vers : quelque soit le langage que les beaux-arts adressent à l'ame, ce langage est digne d'être entendu, car il est le plus éloquent de tous. Nier le pouvoir des impressions magiques qu'ils font naître, c'est refuser aux peuples tout sentiment religieux, toute palpitation de gloire, toute délicatesse de goût et de pensées. Que deviendrait l'industrie elle-même, si elle n'était guidée par les heureuses inspirations des arts ? Que seraient les sciences les plus profondes, si l'éloquence, si le charme de l'expression ne les rendait communicatives pour l'instruction et le bonheur du genre humain ?

Les beaux-arts se rattachent, par leur nature, à toutes les connaissances solides de l'homme ; ils prennent toujours leur source dans quelque pensée profonde ou quelque sublime émotion; ils sont les seuls dignes interprètes de tout ce qu'il y a de beau, de bon et de solide dans notre cœur et dans notre esprit. « Ce n'est point, dit Cicéron, par la douceur de la voix, par la nouveauté, par la variété de leurs chants, que les Syrènes attiraient les voyageurs vers leur écueil ; mais c'était plutôt en leur offrant de partager avec eux les connaissances dont elles avaient l'esprit orné. Homère a compris que s'il disait : un grand homme s'est arrêté seulement pour entendre de belles voix, sa fiction n'offrait rien de probable. Promettre la science à un homme épris de la sagesse, c'était lui offrir, en effet, de quoi lui faire oublier sa patrie. »

L'opinion d'Homère, celle de Cicéron, était donc que la science acquiert un pouvoir irrésistible, en adoptant pour expression le langage sublime des beaux-arts ; et ils n'ont fait en cela que se conformer à l'opinion des plus savans philosophes de la haute antiquité, dont Pythagore avait adopté la devise : *Que nul n'entre ici, s'il ne connaît déjà l'harmonie.*

La littérature, si bien comprise par les femmes, se lie donc étroitement à tous nos intérêts, qu'elles sont capables d'apprécier comme nous-mêmes. Mais, pour la solidité des connaissances comme pour celle des affections, nous exigeons rarement des femmes ce qu'elles seraient capables de nous offrir ; et pourtant, après tant de gloire acquise par plusieurs d'entre elles, ne serait-il pas temps de modifier nos opinions à leur égard ?

Quoi qu'il en soit, j'éprouve ici un vif besoin d'exprimer à mes auditeurs de Saint-Ouen la reconnaissance dont leur extrême bienveillance m'a pénétré. Ils ont su faire la part de l'improvisation oratoire, à laquelle pourtant on ne les a pas accoutumés. Leur tact a été assez délicat pour que leur jugement fût toujours ma règle. Ils ont bien senti que pour tirer quelques éclairs de ce genre d'éloquence, il fallait excuser des négligences, des inégalités dans le style et dans les pensées; ils ont applaudi ce qui était bon, toléré ce qui était médiocre, et, par leurs suffrages ainsi soutenus, ils ont maintenu mon zèle à une hauteur dont le découragement l'eût sans doute précipité. Il y a beaucoup plus d'esprit qu'on ne pense dans cette indulgence raisonnée. On peut m'en croire : je n'ai jamais vu les ignorans ou les sots faire preuve d'indulgence en littérature.

Qu'il me soit permis aussi d'adresser ici tout haut et publiquement à mon estimable ami et collaborateur, M. Tougard, l'expression de ma reconnaissance. C'est lui qui, le premier, m'inspira l'idée de donner dans cette ville quelques soirées littéraires, m'assurant que ses habitans, si distingués dans les arts industriels, aimaient aussi et cultivaient la littérature; c'est lui qui, avec quelques amis indulgens, forma cette petite troupe d'auditeurs qui fut bientôt le centre d'une grande assemblée; c'est lui qui a bien voulu recueillir et rédiger mes discours, surmontant, dans un but d'utilité publique, l'ennui que l'on doit éprouver en écrivant d'après une rapide improvisation. Ses commentaires, ses notes, auront fait un tableau complet de ce qui n'était d'abord qu'un jet de mon esprit, un jugement concis sur le caractère philosophique de toutes les époques littéraires de l'histoire; et sa raison m'aura plus d'une fois aidé à remplir le cadre tracé avec quelque témérité par mon imagination.

Nous aurions voulu, je parle en son nom comme au mien, élever un monument plus digne d'être offert au public qui m'a témoigné tant d'intérêt; mais les résolutions de bien faire sont faciles, et l'on ne produit, après tout, que ce qu'on peut, même avec le zèle le plus ardent et le travail le plus assidu. L'on excusera donc les défauts probables de cet ouvrage, édifice rapide élevé par deux architectes amis, à une époque dont le souvenir comptera désormais parmi les momens heureux de ma vie. Mais, puisque l'inscription dédicatoire manque encore à notre monument littéraire, je supplierai mon ami de me laisser le soin de le tracer; et je graverai avec émotion, sur les modestes murs de notre temple, ces seuls mots :

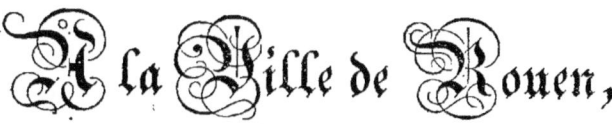

HOMMAGE

DE RESPECT ET DE RECONNAISSANCE.

Ch. DURAND.

Soirées Littéraires,

OU

COURS

DE LITTÉRATURE COMPARÉE,

A L'USAGE DES GENS DU MONDE.

PREMIÈRE SOIRÉE.

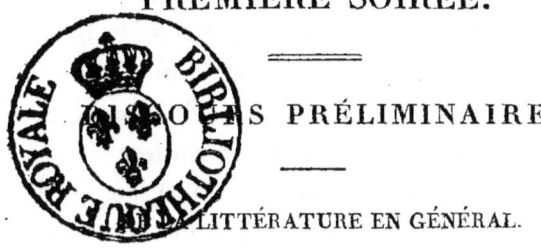

COURS PRÉLIMINAIRE.

LITTÉRATURE EN GÉNÉRAL.

Orphée.

MESSIEURS,

Après La Harpe, Chénier, Lebatteux, Lemercier et quelques autres, offrir à vos méditations un nouveau cours de littérature, c'est former, je le sens, une entreprise hardie ; j'ai donc besoin d'expliquer sans retard les motifs qui m'ont guidé dans cette résolution. Ils ne résident ni dans les défauts d'autrui, ni dans mon audace personnelle ; mais dans la nature des choses, qui, avec d'autres temps, a amené des nécessités nouvelles.

La littérature du siècle passé n'est plus la nôtre ; comme elle ne ressemblait point à ce qui l'avait précédée, elle ne pouvait ressembler à ce qui devait la suivre. Chaque époque a ses besoins et ses intérêts ; la marche de l'intelligence a aussi ses progrès et ses variations nécessaires. La littérature, qui en est l'expression, change d'aspect et de route comme la pensée dont elle est l'interprète fidèle ; et ce serait une grande erreur de croire que tant d'émotions diverses peuvent admettre une rigoureuse unité dans le mode de leur manifestation.

Au siècle de Louis-le-Grand, notre langue fut créée, ou du moins fixée pour jamais dans ses règles et sa physionomie générale. Permettez-moi de croire que cette noble et belle langue française, si digne de nos études et de notre admiration, est, quoiqu'en disent quelques détracteurs, un des plus harmonieux et des plus énergiques instrumens qu'ait jamais conquis l'esprit humain. Après avoir admiré Tacite, j'ai retrouvé une vigueur puissante dans Corneille ; après avoir entendu Métastase avec délices, j'ai trouvé dans les vers de Racine une mélodie suave et enivrante. Force du latin, harmonie de l'italien, tout existe donc dans notre beau langage ; mille fois j'ai ressenti par lui les commotions électriques qu'impriment à l'ame la haute éloquence et la véritable poésie. Je ne saurais être ingrat envers ce qui fut pour moi la source de tant de jouissances, et j'ai été jusqu'à croire que les hommes qui trouvent notre langue si pauvre pourraient bien n'être eux-mêmes que de pauvres littérateurs.

Une différence caractéristique a été remarquée par les auteurs de notre temps; ils ont dit, et l'on peut répéter, que la littérature sous Louis XIV était un but, et que sous le règne suivant elle devint un simple moyen. Cela devait être. Les peuples sont comme les hommes, et ont comme eux leur enfance et leur virilité. Pareils, en effet, à l'enfant qui commence à parler sans attendre le développement complet de ses facultés intellectuelles, ils parlent, ils écrivent avant de penser beaucoup et fortement. Et, sans nier ici, car ce serait être injuste, cette sublime faculté de penser possédée par les hommes illustres du grand siècle, nous serons forcés de convenir que l'esprit des hommes s'est ouvert plus tard mille routes nouvelles, et ajoute chaque jour encore quelque chose de plus général et de plus positif aux conquêtes de l'intelligence.

Il n'était pas possible de s'élever, pour la perfection du langage, au-dessus de Racine et de Boileau; que firent leurs successeurs? ce qu'un excellent jugement pouvait leur inspirer de plus sage : ils ne tentèrent point de lutter en littérature contre leurs modèles et leurs maîtres; ces trésors du langage, ce charme entraînant de l'expression, ils résolurent d'en profiter en les appliquant à des sujets de science et de philosophie utiles à l'humanité. Alors, on vit Buffon écrire sur l'histoire naturelle, Montesquieu sur les lois, Rousseau sur l'éducation, et des idées grandes et sublimes furent révélées aux hommes par des auteurs qui ne voulaient pas seulement plaire, mais instruire, réunissant presque toujours ces deux avantages comme l'avait désiré Fénélon.

Si, d'une part, le règne de la littérature proprement dite, si, d'autre part, l'heureuse application de cette littérature à une foule de pensées intéressantes, sont les deux spectacles que nous présente le temps écoulé, que reste-t-il donc en partage à l'époque où nous vivons? Vous le devinez, Messieurs, car vous savez quels sont, de nos jours, les progrès de toutes les sciences, et vous avez eu lieu de vous étonner de l'inépuisable fécondité de l'esprit humain. Les sources de la pensée ne tarissent pas; une idée dans le domaine infini de nos connaissances en a déjà fait éclore cent dont on en verra jaillir des milliers encore, et l'homme le plus studieux, ne sachant jamais tout ce qu'il pourrait savoir, il verra sans cesse reculer devant lui les bornes lointaines de la pensée.

Des mœurs nouvelles, des institutions jeunes encore, des besoins moraux, autrefois inconnus, ont attaché à notre époque un caractère particulier. Nous sommes plus graves que nos pères; nos intérêts, mieux connus, ont imprimé à notre esprit je ne sais quelle inquiétude sérieuse. Nous sentons que les futilités brillantes ne sauraient nous plaire. Ce qui nous instruit nous attire, nous captive; ce qui ne fait que nous amuser devient de jour en jour plus accessoire, et il est évident que le règne des madrigaux et des bouquets à Cloris est passé sans espoir de retour.

En serons-nous plus heureux? je l'espère; mais ne nous hâtons pas de nous montrer ivres de nos succès. Les modes d'étude, la méthode, la connaissance des principes, voilà ce que nous possédons; mais, dans les sciences comme dans les lettres, que de choses à découvrir! que de soupçons à confirmer! Nous sommes sur la route de la vérité; malheur à l'esprit orgueilleux qui se flatterait de la découvrir et de la posséder toute entière!

A quoi tend aujourd'hui notre littérature? A la discussion des intérêts des hommes, et à la défense des principes de religion, de morale, de liberté, de justice légale, qui forment la base de notre nouvel état social. Révoltée contre un despotisme antique, la France a passé par les excès d'une sanglante anarchie, et a trouvé un port de salut après tant de tempêtes politiques. Un gouvernement rêvé par Platon et par Aristote a fait de l'étude des lois la première science de l'homme, et de la modération sa première vertu. La littérature, n'en doutez pas, réfléchira d'elle-même cette douce influence, et nous dévoilera ce qui se rapporte le plus directement à l'intérêt de l'humanité, qu'il faut aimer et servir dans tous les temps.

Comment s'acquiert la connaissance des hommes, cet art de les juger, recommandé si vivement par les sages de toutes les époques, et qui doit guider nos esprits dans la science comme dans la vie? par l'expérience, par l'étude approfondie des actions des peuples, de leurs pensées, de leurs discours. Le récit de leurs actions, c'est l'histoire; l'exposé de leurs pensées, c'est la philosophie; le tableau de leurs discours, la littérature.

Ce sera donc de préférence vers ces trois branches des connaissances humaines que je dirigerai votre commune attention. Historiens, philosophes, orateurs ou poètes, tous les hommes qui ont écrit auront droit à une mention, quelquefois rapide, toujours consciencieuse. Mais ce cadre si vaste, il faut le déterminer, et fixer d'avance le point de vue sous lequel nous considérerons l'histoire, la philosophie et la littérature.

Montesquieu nous raconte que, plein du désir de connaître à fond l'histoire universelle, il avait longuement lu et étudié tous les faits, toutes les dates qui la composent; rien ne restait gravé dans son esprit. Mais ayant un jour envie d'écrire sur la législation, il revint alors sur l'histoire, la compulsant, non plus pour elle-même, mais pour y trouver les lois et les édits dont il avait besoin pour son ouvrage. Non seulement alors il y trouva ce qu'il cherchait, mais il sentit cette histoire générale elle-même se graver dans sa mémoire avec tous ses détails, quand il ne songeait plus à la retenir.

Ainsi l'histoire reste dans notre esprit lorsque, renonçant à un désir immodéré de tout savoir, nous avons la sagesse de l'explorer dans l'intérêt d'une étude quelconque. Mon but est de vous présenter les siècles littéraires. Ne serait-il pas possible alors que, connaissant bien ces époques, et les distinguant avec soin des autres, l'histoire se gravât ainsi dans votre mémoire, au moins pour ce qui concerne les traits généraux?

Il est vrai que je ne veux point m'astreindre

servilement à une marche chronologique. L'étude des divers genres de poésie et d'éloquence que nous offre l'antiquité perdrait pour vous beaucoup de son charme si je n'y joignais des termes de comparaison entre les auteurs anciens et les auteurs modernes. Mais plus je demande, pour agir ainsi, qu'on laisse de liberté à ma pensée et d'indépendance à mon jugement, plus je sens la nécessité de classer d'abord avec ordre, et dans leur série naturelle, les siècles, les ouvrages et les hommes célèbres, qu'il faut avoir bien soin de ne pas confondre pour conserver en tout de la méthode et de la clarté.

Ainsi, quoique ennemi constant des manœuvres artificielles qui ont pour but de secourir la mémoire des esprits paresseux, j'ai entrepris moi-même un tableau dont je ne veux qu'esquisser ici la forme, et que chacun de vous saura bien réaliser en particulier. Ce tableau pourrait être appelé le *Temple de l'histoire*. Voici comment il doit être tracé.

Une croix, indiquant l'époque du Christ, figure sur la porte de ce temple. A la gauche de cette porte, quatorze colonnes indiquent les 14 siècles qui se sont écoulés depuis Jésus-Christ jusqu'à Moïse, époque la plus lointaine que nous présente l'histoire littéraire; à la droite de la porte, au contraire, dix-neuf colonnes indiquent les 19 siècles que nous comptons depuis le Christ jusqu'à nos jours.

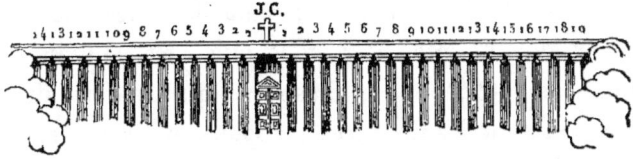

Ce tableau une fois réalisé sur une dimension assez vaste, vous inscrirez sur chaque colonne surmontée d'un numéro, et représentant un siècle positivement déterminé, les souvenirs de ce siècle, ses évènemens mémorables, ses ouvrages remarquables, les noms des grands hommes qui l'auront illustré, et vous étudierez à part chaque époque, que nous pourrons alors observer à loisir, ou comparer avec une autre, sans craindre ni désordre, ni confusion.

On voit que je ne me propose pas d'enseigner l'histoire, mais de l'envisager sous ses rapports littéraires ; il en sera de même de la philosophie. Comme l'histoire, la philosophie prêtera quelques unes de ses grandes pensées aux conquêtes de la littérature ; notre prose, nos vers, pour être pleins d'images et d'harmonie, ne seront pas vides d'idées ; et les plus graves, les plus profondes peut-être, nous paraîtront les plus poétiques, lorsque, par une heureuse alliance, le sentiment et la raison nous inspireront à la fois.

Les plus anciens poètes étaient philosophes, et cet Orphée, dont l'histoire nous a conservé le nom, fut un poète-législateur. Instruit dans les sanctuaires de l'Egypte, il y avait puisé les connaissances de cette haute philosophie qui renfermait dans son sein les mystères religieux et les secrets de la science par laquelle on gouverne les peuples. Si l'on en juge par le signe particulier que les monumens antiques de l'Egypte offrent si souvent à notre attention studieuse, si l'on se rappelle que beaucoup d'auteurs de l'antiquité parlent de l'*OEuf d'Orphée* comme d'un signe spécialement adopté par lui, on se convaincra peut-être que l'existence d'un être suprême, créateur et moteur de cet univers, était l'idée dominante de ses chants et de sa philosophie.

« J'existe; depuis quand? depuis ma naissance. Mon père, auteur de mes jours, existait; depuis quand? depuis sa naissance. Tous les êtres existans ou ayant existé sont procédés les uns des autres, et il faut, ou qu'il y ait eu des êtres de toute éternité, ce que l'esprit le plus profond ne saurait concevoir, ou qu'en remontant la chaîne des êtres, on arrive à un commencement, à un être qui ne procédait de personne, qui existait par lui-même, faculté qu'aucun de nos pères n'a pu avoir par sa nature, et que nous devons, par conséquent, chercher dans une nature différente. Mais cet être serait éternel, direz-vous, et je l'admettrais, moi qui repousse l'éternité, l'infini dans la chaîne de ceux qui existent! Il le faut bien; car si vous supposez la chaîne infinie, vous ne faites qu'accorder aux races diverses un privilège de perpétuité que vous ne pouvez concevoir d'après leur nature; et comme il faut qu'elles soient éternelles ou qu'un autre le soit, votre bon sens vous dira que cette éternité nécessaire ne peut être accordée qu'à un être différent de tous ceux que vous voyez [1]. »

Ainsi s'établit l'existence d'un Dieu, tirée de la création et de la reproduction des êtres. La fécondité de la nature, tel paraît avoir été le premier argument des anciens sages.

Un autre argument non moins puissant est celui qui résulte du mouvement de la matière. Ecoutons Jean-Jacques Rousseau :

« J'aperçois dans les corps deux sortes de mouvement, savoir, mouvement communiqué et mouvement spontané ou volontaire. Dans le premier, la cause motrice est étrangère au corps mû, et dans le second elle est en lui-même. Je ne conclurai pas de là que le mouvement d'une montre, par exemple,

---

[1] Charles Durand, Cours d'éloquence, tome 2, page 11.

est spontané, car si rien d'étranger au ressort n'agissait sur lui, il ne tendrait point à se redresser et ne tirerait pas la chaîne. Par la même raison, je n'accorderai point non plus la spontanéité aux fluides, ni au feu même, qui fait leur fluidité.

« Vous me demanderez si les mouvemens des animaux sont spontanés ; je vous dirai que je n'en sais rien, mais que l'analogie est pour l'affirmative. Vous me demanderez encore comment je sais donc qu'il y a des mouvemens spontanés ; je vous dirai que je le sais parce que je le sens. Je veux mouvoir mon bras et je le meus, sans que ce mouvement ait d'autre cause immédiate que ma volonté. C'est en vain qu'on voudrait raisonner pour détruire en moi ce sentiment : il est plus fort que toute évidence ; autant vaudrait me prouver que je n'existe pas.

« S'il n'y avait aucune spontanéité dans les actions des hommes, ni dans rien de ce qui se fait sur la terre, on n'en serait que plus embarrassé à imaginer la première cause de tout mouvement. Pour moi, je me sens tellement persuadé que l'état naturel de la matière est d'être en repos, et qu'elle n'a par elle-même aucune force pour agir, qu'en voyant un corps en mouvement je juge aussitôt, ou que c'est un corps animé, ou que ce mouvement lui a été communiqué. Mon esprit refuse tout acquiescement à l'idée de la matière non organisée se mouvant d'elle-même ou produisant quelque action.

« Cependant cet univers visible est matière, matière éparse et morte, qui n'a rien dans son tout de l'union, de l'organisation, du sentiment commun des parties d'un corps animé, puisqu'il est certain que nous qui sommes parties ne nous sentons nullement dans le tout. Ce même univers est en mouvement, et, dans ses mouvemens réglés, uniformes, assujétis à des lois constantes, il n'a rien de cette liberté qui paraît dans les mouvemens spontanés de l'homme et des animaux. Le monde n'est donc pas un grand animal qui se meuve de lui-même; il y a donc de ses mouvemens quelque cause étrangère à lui, laquelle je n'aperçois pas; mais la persuasion intérieure me rend cette cause tellement sensible que je ne puis voir rouler le soleil sans imaginer une force qui le pousse, ou que, si la terre tourne, je crois sentir une main qui la fait tourner. »

On le voit, *fécondité* d'une part, *mouvement* de l'autre, voilà ce qui sans doute démontra Dieu aux anciens philosophes, voilà ce qui sans cesse le rappelait à leur esprit. Faut-il s'étonner que l'*œuf*, emblème de fécondité, que les *ailes*, emblême du mouvement, se réunissent pour former le signe mystérieux et sacré qui sur tous leurs monumens et dans tous leurs temples fait éclater, pour ainsi dire, à leurs yeux la présence éternelle du Tout-Puissant ?

Au reste, l'histoire d'Orphée, j'en appelle à la mémoire de tous les hommes, ne nous offre que trop, si nous perçons à travers l'allégorie qui l'entoure, le sort réservé dans tous les siècles barbares à l'ami des lumières, à l'apôtre de la raison, à l'interprète de la philosophie. Ces chants qui captivaient jusqu'aux animaux les plus farouches, c'étaient les hymnes saints dans lesquels le poète expliquait les mystères de l'univers; cette Eurydice si belle et si aimée, c'était la vérité, qu'un serpent, le serpent de l'envie, avait détruite par sa morsure empoisonnée. Ami fidèle de la philosophie, Orphée la ramène sur la terre; la mélodie de ses chants triomphe une seconde fois de la férocité des hommes, mais une seconde fois ils persécutent la vérité, qui s'enfuit alors pour toujours. Retiré dans un désert, le sage se console par ses méditations harmonieuses; mais, sous la forme des bacchantes, les passions humaines, brutales et emportées, le poursuivent partout; sa mort seule peut satisfaire leur implacable vengeance, et le nom d'Eurydice, de cette vérité si chère, sort encore de sa bouche à son dernier soupir!

Honneur à Virgile, qui a revêtu de couleurs si belles cette admirable allégorie d'Orphée! A défaut du texte, que la nature de mon auditoire ne me permet pas d'invoquer, écoutons ce que le plus remarquable des traducteurs nous raconte sur les derniers jours du poète philosophe. Qui ne serait attendri par ce récit touchant ?

« Enfin il revenait triomphant du trépas ;
Sans voir sa tendre amante, il précédait ses pas ;
Proserpine à ce prix couronnait sa tendresse.
Soudain ce faible amant, dans un instant d'ivresse,
Suivit imprudemment l'ardeur qui l'entraînait,
Bien digne de pardon, si l'enfer pardonnait.
Presqu'aux portes du jour, troublé, hors de lui-même,
Il s'arrête, il se tourne... il revoit ce qu'il aime !
C'en est fait, un coup-d'œil a détruit son bonheur ;
Le barbare Pluton révoque sa faveur,
Et des enfers charmés de ressaisir leur proie
Trois fois le gouffre avare en retentit de joie.
Eurydice s'écrie : O destin rigoureux !
Hélas ! quel dieu cruel nous a perdus tous deux ?
Quelle fureur ! voilà qu'au ténébreux abyme
Le barbare destin rappelle sa victime.
Adieu ; déjà je sens dans un nuage épais
Nager mes yeux éteints et fermés pour jamais.
Adieu, mon cher Orphée ; Eurydice expirante
En vain te cherche encor de sa main défaillante ;
L'horrible mort, jetant son voile autour de moi,
M'entraîne loin du jour, hélas ! et loin de toi.
Elle dit, et soudain dans les airs s'évapore.
Orphée en vain l'appelle, en vain la suit encore,
Il n'embrasse qu'une ombre ; et l'horrible nocher
De ces bords désormais lui défend d'approcher.
Alors, deux fois privé d'une épouse si chère,
Où porter sa douleur ? où traîner sa misère ?

Par quels sons, par quels pleurs fléchir le dieu des morts ?
Déjà cette ombre froide arrive aux sombres bords.

« Près du Strymon glacé, dans les antres de Thrace,
Durant sept mois entiers il pleura sa disgrâce :
Sa voix adoucissait les tigres des déserts,
Et les chênes émus s'inclinaient dans les airs.
Telle sur un rameau, durant la nuit obscure,
Philomèle plaintive attendrit la nature,
Accuse en gémissant l'oiseleur inhumain
Qui, glissant dans son nid une furtive main,
Ravit ces tendres fruits que l'amour fit éclore,
Et qu'un léger duvet ne couvrait pas encore.
Pour lui plus de plaisir, plus d'hymen, plus d'amour.
Seul parmi les horreurs d'un sauvage séjour,
Dans ces noires forêts du soleil ignorées,
Sur les sommets déserts des monts hyperborées,
Il pleurait Eurydice, et, plein de ses attraits,
Reprochait à Pluton ses perfides bienfaits.
En vain mille beautés s'efforçaient de lui plaire :
Il dédaigna leurs feux ; et leur main sanguinaire,
La nuit, à la faveur des mystères sacrés,
Dispersa dans les champs ses membres déchirés.
L'Ebre roula sa tête encor toute sanglante :
Là, sa langue glacée et sa voix expirante,
Jusqu'au dernier soupir formant un faible son,
D'Eurydice en flottant murmurait le doux nom ;
Eurydice ! ô douleur ! touchés de son supplice,
Les échos répétaient Eurydice ! Eurydice ! »

Quelle grâce, quelle expression, quelle mélancolie dans cet épisode ! Le poète qui le raconte

force notre esprit à méditer sur le fond de cette histoire, et nous reporte vers de grands souvenirs philosophiques ; que si, abandonnant aux esprits les plus graves ces arrière-pensées de la science, nous voulons ne voir dans les malheurs d'Orphée qu'un récit poétique, où trouver plus de charme, plus d'entraînement ? Des exemples pareils, bien médités, nous dévoileront peut-être les secrets de la poésie antique[1]. Philosophie dans le fond, harmonie irrésistible dans le style, voilà ce qui semble former la puissance et le génie des anciens poètes. Plus graves encore et non moins brillants, les orateurs nous occuperont à leur tour. Nous verrons que l'éloquence comme la poésie ne consiste pas seulement dans les vaines formes

---

[1] L'existence d'Orphée est très-incertaine : Aristote doutait qu'il eût jamais vu le jour, Cicéron partageait aussi cette opinion. La fable, car il n'est pas permis de dire l'histoire, le présente comme fils d'Apollon et de Calliope ; il était, dit-on, un des argonautes, et fut le compagnon d'Hercule. Après sa mort les Muses recueillirent ses membres dispersés, et lui rendirent les honneurs funèbres ; il fut métamorphosé en cygne par son père, et sa lyre fut mise au nombre des constellations. On le place 1400 ans avant le Christ, 300 ans avant la prise de Troie. Il est fort douteux que les hymnes qu'on a publiés sous son nom soient véritablement de lui. Peut-être, et tout porte à le croire, Orphée n'est-il lui-même qu'un personnage allégorique ; Aristote le pensait.   (T.)

du style et dans le seul éclat des paroles. L'exaltation du cœur et de l'imagination enfantant des idées sublimes, il est bien rare que le style ne soit pas par lui-même empreint de ces inspirations brûlantes qui consument notre ame et qui cherchent à se faire jour. Mais l'entraînement des passions nobles ne sera pas la seule cause ni le seul principe du génie; souvent, sans nous égarer dans des régions idéales, portant la main sur notre cœur et rentrant en nous-mêmes, nous trouverons en nous une source plus féconde peut-être de mouvements oratoires et poétiques, d'inspirations saintes et sublimes; et cette source inépuisable, c'est la conscience de l'homme de bien.

DEUXIÈME SOIRÉE.

POÈTES GRECS.

Homère, Hésiode, Alcée, Pindare, Sapho, Anacréon, Théocrite.

J'ai expliqué à mes auditeurs le plan d'étude que j'ai cru le plus favorable au sujet que je me propose de soumettre à leur attention; sans doute ils auront remarqué que tout semblable que paraît être ce plan à celui que La Harpe a tracé et suivi dans son cours de littérature, on peut cependant établir entre les deux méthodes une différence remarquable. L'illustre critique réunissant autant que possible les ouvrages de même genre, semble n'avoir à présenter à la pensée que les deux grandes divisions si naturelles des temps antiques et des temps modernes; il croit, en parlant de la poésie épique, par exemple, devoir s'occuper en même temps d'Homère et de Virgile, comme, pour la poésie lyrique, il s'occupe en même temps de Pindare et d'Horace. Je procéderai autrement, et je dois, Messieurs, vous en expliquer la raison;

ce sont des époques littéraires, mais aussi des époques historiques que nous avons à examiner. Notre siècle, plus observateur que les siècles précédens, en promenant sa curieuse investigation sur des temps et des peuples divers, veut suivre l'intelligence depuis ses premières œuvres jusqu'à ses plus hauts perfectionnemens. Les progrès de l'esprit humain, voilà ce qui nous intéresse. Nous nous demandons pourquoi on était plus poète à telle époque, pourquoi on était plus orateur à telle autre; nous voulons savoir quelles circonstances ont amené les hommes à se faire poètes ou littérateurs; quels motifs ont déterminé le fond et la forme de leurs ouvrages; nous voulons comparer les siècles entr'eux, les juger, et observer avec soin l'action de l'imagination des hommes; soit que la force physique et brutale anéantissant pour un temps toutes les forces de l'esprit, une obscurité profonde soit jetée tout-à-coup sur plusieurs siècles; soit que, retrouvant sa vigueur morale, le génie humain s'élançant et dominant toute compression ennemie, triomphe et brille sous les formes les plus nobles et les plus irrésistibles dont le langage puisse revêtir la pensée.

Elle n'est pas un vain préjugé, l'opinion qui faisait croire aux peuples anciens que l'harmonie était digne de tant d'étude et de tant d'admiration.

Le pouvoir de l'harmonie était immense, et le mot qui l'exprime, si mélodieux lui-même, n'a-t-il pas été conquis au profit de tous les arts? Le peintre vante l'harmonie de sa composition, le sculpteur l'harmonie des formes, le musicien l'harmonie des sons, le poète l'harmonie des vers. Il y a au fond de toute chose harmonieuse un attrait qui nous charme et nous captive; les Grecs, qui ne voulaient pas une demi-harmonie, mêlaient le chant avec les vers, et justifiaient ce mot d'un poète moderne, qui n'en faisait pas peut-être une heureuse application :

« Les vers sont enfans de la lyre ;
« Il faut les chanter, non les lire. »

Musique et poésie étaient presque même chose pour ces peuples; et si des Grecs nous passons aux Romains, il est évident que l'idée est la même, puisque le même mot *carmen* sert à désigner le chant et les vers.

Cet amour de l'harmonie, osons le dire, est fondé sur la connaissance de notre nature. Par les sens nous percevons les objets extérieurs; notre imagination, notre raison, agissant sur cette perception, transforment soudain en jouissance morale ce dont nous avions d'abord été frappés, comme le sont d'ordinaire tous les êtres animés.

Un théâtre s'offre à notre vue, les objets qu'il représente, artistement arrangés, arrivent à nos yeux, attirent notre attention, et notre esprit y trouve un plaisir qui le captive. Ainsi l'arrangement parfait des sons charme d'abord notre oreille, et fait passer dans notre ame une foule de sensations délicieuses. L'harmonie n'a pas été au fond des vers ou du chant que nous écoutons, elle ne réside pas dans la pensée même, mais la grâce d'une expression mélodieusement cadencée nous séduit et nous plaît, parce que l'oreille aussi bien que les yeux à ses perceptions agréables, qui peuvent arriver à l'ame et y faire naître de vives et puissantes émotions.

Qu'elle fut heureuse l'idée de ces anciens sages qui, connaissant le pouvoir de l'harmonie, en cultivaient, en recommandaient l'étude afin de prêter à la vérité un langage digne d'elle, et pour en faire la douce auxiliaire de la vertu! « Que nul n'entre « ici, lisait-on sur la porte de Pythagore, s'il ne « connaît l'harmonie »; et les sons d'une musique attendrissante préparaient l'ame de ses disciples aux graves leçons de la philosophie.

Ces raisons nous expliquent l'importance que les anciens peuples du midi de l'Europe avaient attachée à la poésie; elle était pour eux un moyen puissant de civilisation. Du moment où la perfection du langage se distingua du style ordinaire par la forme poétique, on ne voulut pas prodiguer cet ornement en l'employant à exprimer des idées communes. Plus l'ascendant des poètes était grand, plus leurs pensées prirent un caractère de gravité, d'utilité générale. On appela les vers le langage des dieux, car les sentimens qu'ils inspiraient étaient sublimes. Orphée, qui passait, dans la haute antiquité, pour un profond philosophe et un sage législateur, dictait ses principes et ses lois au son de la lyre. Une allégorie ingénieuse nous apprend aussi qu'au son de la lyre d'Amphion les murs de Thèbes s'élevaient d'eux-mêmes. Le sens de cette allégorie est évident : l'harmonie a réuni les hommes dans les cités, elle en a élevé les murailles et y a été l'expression des lois ; elle a, pour ainsi dire, commencé la civilisation des peuples, elle est entrée comme élément dans les bases de l'ordre social.

Si le sentiment poétique est si naturel à l'homme, il ne peut être sans intérêt de s'arrêter d'abord sur le plus ancien ouvrage de poésie que la Grèce nous ait transmis. On a beaucoup parlé d'Homère ; tout beau que soit le plan de son poème, l'auteur, en le composant, n'avait pas, sans doute, à s'assujétir à des principes écrits et à de sévères règles d'exécution. L'Iliade n'est qu'un sublime récit, un discours, où l'on raconte des évènemens. Du mot επος qui signifie en grec *discours*, on a formé le mot *épique* qui a désigné un genre. Qu'importent des chants rares ou nombreux, la mythologie ou le christianisme, la fable ou la vérité? le poète qui trace les aventures d'un héros est un poète épique : le genre est déterminé, les détails sont arbitraires.

Homère ne nous intéresse pas seulement comme poète; il a été le plus éloquent et le plus sublime historien de la religion de son pays et des mœurs de ses contemporains[1]. Assurément Homère est difficile à traduire, et c'est un sujet apparent de triomphe pour les hommes qui refusent à notre

---

[1] Homère est le patriarche de tous les poètes grecs. Selon Paterculus il vivait 968 avant J. C.; d'après les marbres d'Arundel, 907; et suivant M. Larcher, 884; l'on voit par-là quels nuages enveloppent la naissance de ce grand homme. Les anciens historiens sont remplis de contes absurdes à son égard. On ne connaît pas au juste sa patrie. Longtemps après sa mort, sept villes se disputèrent l'honneur de l'avoir vu naître, ce qui a fait dire :

Smyrna, Rhodos, Colophon, Salamis, Chios, Argos, Athenæ,
Orbis de patriâ certat, Homere, tuâ.

Empruntons à M. Ch. Durand lui-même l'histoire d'Homère. « Né, dit-il, sur les bords du Mélèze, d'une famille pauvre, il « dut à la bienveillance d'un sage de Smyrne son éducation et « les soins dont sa jeunesse fut entourée. Ses voyages, et ils furent « nombreux si nous en jugeons par les détails géographiques que « Strabon a recueillis, ses voyages achevèrent ce que les leçons de

langue l'heureuse faculté de tout exprimer ; j'en conviens avec eux, il serait impossible au traducteur le plus bénévole d'apprendre poétiquement au lecteur comment Patrocle, au 9e livre, faisait cuire trois gigots dans une marmite ; comment, dans un autre passage, Achille fait lui-même la cuisine pour régaler les députés d'Agamemnon, et comment enfin Ajax, immolant les Troyens dans sa glorieuse retraite, ressemblait à un âne qui, chassé d'un pré à coups de pierres, dérobe encore quelques brins d'herbe en se retirant. S'il n'y avait que de pareils récits dans Homère, il y a long-

---

« Phémius avaient commencé. Embarqué sur le vaisseau de son
« ami Mentès de Leucade, il parcourut divers pays, visita les îles
« qui dépendaient de la Grèce, fit un assez long séjour en Egypte,
« et alla dans le temple de Tyr se faire initier aux mystères divins.
« Ce fut là qu'il choisit le sujet de l'Iliade, le premier ouvrage
« qui ait révélé aux hommes la puissance du génie poétique et
« son influence sur les civilisations à venir. » (Cours d'éloquence,
vol. 1, p. 39). Son détracteur fut *Zoïle*, qui vivait il y a plus
de 2000 ans. Le nom du poète célèbre est resté dans tout son éclat;
celui de son critique est aussi demeuré, mais couvert de honte et
de mépris. Alexandre dans ses voyages portait toujours avec lui
les OEuvres d'Homère qu'il avait renfermées dans la boîte de
Darius, disant que l'ouvrage le plus parfait de l'esprit humain
devait se trouver dans la cassette la plus précieuse du monde. Le
soir il la mettait sous le chevet de son lit avec son épée. (T.)

temps qu'on n'en parlerait plus. La langue française répugne en effet à l'expression de ces vils détails ; heureux malheur ! m'écrierai-je, qui ne nous permet d'emprunter à Homère que ce qu'il a de touchant et de sublime. Aussi n'est-ce point une traduction littérale que je choisirai pour vous donner une véritable idée du poète, mais plutôt une imitation, et une imitation de Racine.

On connaît la discussion qui s'élève entre Achille et le roi des rois ; et l'on sait que cette dispute avait pour objet la possession de Briséis ; quand on se rappelle que le héros, sûr d'être immolé sous les murs de Troie, avait préféré la gloire à sa vie ; quand on se rappelle que cette gloire si chère, il l'abandonnait par le dépit de se voir ravir sa belle captive, on est bien forcé d'accorder qu'une femme pouvait faire battre le cœur d'Achille, et Racine est justifié de l'avoir peint amoureux d'Iphigénie. Le trépas dont est menacée celle qu'il aime, voilà un motif suffisant pour légitimer sa colère ; mais il ne dira pas à Agamemnon qu'il porte l'audace d'un chien dans les yeux et la timidité d'un cerf dans le cœur ; il ne lui reprochera pas de garder pour lui la plus forte partie du butin. En renonçant de bonne grâce à ces idées ignobles, le lecteur trouvera dans Racine une imitation véritable de tout le reste, et verra la grandeur et la majesté d'Homère se réfléchir dans les vers du poète français.

ACHILLE.

Un bruit assez étrange est venu jusqu'à moi,
Seigneur ; je l'ai jugé trop peu digne de foi.
On dit, et sans horreur je ne puis le redire,
Qu'aujourd'hui par votre ordre Iphigénie expire ;
Que vous-même, étouffant tout sentiment humain,
Vous l'allez à Calchas livrer de votre main.
On dit que, sous mon nom à l'autel appelée,
Je ne l'y conduisois que pour être immolée ;
Et que, d'un faux hymen nous abusant tous deux,
Vous vouliez me charger d'un emploi si honteux.
Qu'en dites-vous, seigneur ? Que faut-il que j'en pense ?
Ne ferez-vous pas taire un bruit qui vous offense ?

AGAMEMNON.

Seigneur, je ne rends point compte de mes desseins.
Ma fille ignore encor mes ordres souverains ;
Et, quand il sera temps qu'elle en soit informée,
Vous apprendrez son sort, j'en instruirai l'armée.

ACHILLE.

Ah ! je sais trop le sort que vous lui réservez.

AGAMEMNON.

Pourquoi le demander, puisque vous le savez ?

ACHILLE.

Pourquoi je le demande ? O ciel ! le puis-je croire,
Qu'on ose des fureurs avouer la plus noire !

Vous pensez qu'approuvant vos desseins odieux
Je vous laisse immoler votre fille à mes yeux?
Que ma foi, mon amour, mon honneur y consente?

AGAMEMNON.

Mais vous, qui me parlez d'une voix menaçante,
Oubliez-vous ici qui vous interrogez?

ACHILLE.

Oubliez-vous qui j'aime, et qui vous outragez?

AGAMEMNON.

Et qui vous a chargé du soin de ma famille?
Ne pourrai-je, sans vous, disposer de ma fille?
Ne suis-je plus son père? Êtes-vous son époux?
Et ne peut-elle...

ACHILLE.

Non, elle n'est plus à vous:
On ne m'abuse point par des promesses vaines.
Tant qu'un reste de sang coulera dans mes veines,
Vous deviez à mon sort unir tous ses moments,
Je défendrai mes droits fondés sur vos serments.
Et n'est-ce pas pour moi que vous l'avez mandée?

AGAMEMNON.

Plaignez-vous donc aux dieux qui me l'ont demandée:
Accusez et Calchas et le camp tout entier,
Ulysse, Ménélas, et vous tout le premier.

ACHILLE.

Moi!

AGAMEMNON.

Vous, qui, de l'Asie embrassant la conquête,
Querellez tous les jours le ciel qui vous arrête;

DEUXIÈME SOIRÉE.

Vous, qui, vous offensant de mes justes terreurs,
Avez dans tout le camp répandu vos fureurs.
Mon cœur pour la sauver vous ouvroit une voie ;
Mais vous ne demandez, vous ne cherchez que Troie.
Je vous fermois le champ où vous voulez courir :
Vous le voulez, partez ; sa mort va vous l'ouvrir.

ACHILLE.

Juste ciel ! puis-je entendre et souffrir ce langage !
Est-ce ainsi qu'au parjure on ajoute l'outrage ?
Moi, je voulois partir aux dépens de ses jours ?
Et que m'a fait à moi cette Troie où je cours ?
Au pied de ses remparts quel intérêt m'appelle ?
Pour qui, sourd à la voix d'une mère immortelle,
Et d'un père éperdu négligeant les avis,
Vais-je y chercher la mort tant prédite à leur fils ?
Jamais vaisseaux partis des rives du Scamandre
Aux champs thessaliens osèrent-ils descendre ?
Et jamais dans Larisse un lâche ravisseur
Me vint-il enlever ou ma femme ou ma sœur ?
Qu'ai-je à me plaindre ? Où sont les pertes que j'ai faites ?
Je n'y vais que pour vous, barbare que vous êtes ;
Pour vous, à qui des Grecs moi seul je ne dois rien ;
Vous, que j'ai fait nommer et leur chef et le mien ;
Vous, que mon bras vengeoit dans Lesbos enflammée,
Avant que vous eussiez assemblé votre armée.
Et quel fut le dessein qui nous assembla tous ?
Ne courons-nous pas rendre Hélène à son époux ?
Depuis quand pense-t-on qu'inutile à moi-même
Je me laisse ravir une épouse que j'aime ?
Seul, d'un honteux affront votre frère blessé
A-t-il droit de venger son amour offensé ?

Votre fille me plut, je prétendis lui plaire ;
Elle est de mes sermens seule dépositaire :
Content de son hymen, vaisseaux, armes, soldats,
Ma foi lui promit tout, et rien à Ménélas.
Qu'il poursuive, s'il veut, son épouse enlevée ;
Qu'il cherche une victoire à mon sang réservée :
Je ne connois Priam, Hélène, ni Paris ;
Je voulois votre fille, et ne pars qu'à ce prix.

AGAMEMNON.

Fuyez donc : retournez dans votre Thessalie.
Moi-même je vous rends le serment qui vous lie.
Assez d'autres viendront, à mes ordres soumis,
Se couvrir des lauriers qui vous furent promis ;
Et, par d'heureux exploits forçant la destinée,
Trouveront d'Ilion la fatale journée.
J'entrevois vos mépris, et juge, à vos discours,
Combien j'achèterois vos superbes secours.
De la Grèce déjà vous vous rendez l'arbitre :
Ses rois, à vous ouïr, m'ont paré d'un vain titre.
Fier de votre valeur, tout, si je vous en crois,
Doit marcher, doit fléchir, doit trembler sous vos lois.
Un bienfait reproché tint toujours lieu d'offense :
Je veux moins de valeur, et plus d'obéissance.
Fuyez. Je ne crains point votre impuissant courroux ;
Et je romps tous les nœuds qui m'attachent à vous.

ACHILLE.

Rendez grâce au seul nœud qui retient ma colère :
D'Iphigénie encor je respecte le père.
Peut-être, sans ce nom, le chef de tant de rois
M'auroit osé braver pour la dernière fois.

DEUXIÈME SOIRÉE.

Je ne dis plus qu'un mot ; c'est à vous de m'entendre.
J'ai votre fille ensemble et ma gloire à défendre :
Pour aller jusqu'au cœur que vous voulez percer,
Voilà par quels chemins vos coups doivent passer.

Le portrait d'Achille n'est-il pas noblement tracé dans les vers suivans, et Racine a-t-il peint un français dans ce passage où éclate le caractère du héros d'Homère :

Non, non, tous ces détours sont trop ingénieux :
Vous lisez de trop loin dans les secrets des dieux.
Moi, je m'arrêterois à de vaines menaces !
Et je fuirois l'honneur qui m'attend sur vos traces !
Les Parques à ma mère, il est vrai, l'ont prédit,
Lorsqu'un époux mortel fut reçu dans son lit :
Je puis choisir, dit-on, ou beaucoup d'ans sans gloire,
Ou peu de jours suivis d'une longue mémoire.
Mais, puisqu'il faut enfin que j'arrive au tombeau,
Voudrois-je, de la terre inutile fardeau,
Trop avare d'un sang reçu d'une déesse,
Attendre chez mon père une obscure vieillesse ;
Et, toujours de la gloire évitant le sentier,
Ne laisser aucun nom, et mourir tout entier ?
Ah ! ne nous formons point ces indignes obstacles ;
L'honneur parle, il suffit : ce sont là nos oracles.
Les dieux sont de nos jours les maîtres souverains ;
Mais, seigneur, notre gloire est dans nos propres mains.
Pourquoi nous tourmenter de leurs ordres suprêmes ?
Ne songeons qu'à nous rendre immortels comme eux-mêmes ;
Et laissant faire au sort, courons où la valeur
Nous promet un destin aussi grand que le leur.

> C'est à Troie, et j'y cours; et, quoi qu'on me prédise,
> Je ne demande aux dieux qu'un vent qui m'y conduise;
> Et quand moi seul enfin il faudroit l'assiéger,
> Patrocle et moi, seigneur, nous irons vous venger.

Ce que nul auteur moderne ne peut rendre, c'est cette teinte forte et prononcée avec laquelle Homère peint la férocité d'Achille et les mouvemens de sensibilité qui résultent quelquefois de la pitié, de l'amitié, des sentimens doux poussés jusqu'à l'héroïsme. Tout cruel que soit l'homme qui traîne le cadavre d'Hector autour des murs de Troie, la vieillesse, les larmes de Priam l'attendrissent. Furieux de la mort de son ami, c'est l'excès de son attachement pour Patrocle qui le rend barbare dans la vengeance. En vain les Troyens supplians lui crient grâce ! Patrocle est bien mort, répond-il; et cette idée seule a décidé leur trépas. Lisez la séparation des deux amis, lorsque Patrocle, revêtu de l'armure d'Achille, va s'élancer au combat : « Ne cherche point Hector, » lui dit le héros; mots sublimes dans la bouche d'Achille, qui ne croit point que Patrocle soit un lâche, mais qui, toujours imprudent pour lui-même, voudrait éloigner le péril qui menace son ami.

Ces couleurs vigoureuses des grands génies poétiques semblent appartenir de préférence aux auteurs qui ont précédé une civilisation avancée.

QUATRIÈME SOIRÉE. 81

Accusé devant l'aréopage, ce ne fut point avec une éloquence artificieuse que Socrate tenta de se défendre; il condamna même en parlant les moyens pathétiques qu'emploient ordinairement les défenseurs des accusés pour surprendre la pitié de leurs juges. Il répondit :

« J'ai des enfans, Athéniens; j'en ai trois, l'un déjà dans l'adolescence, les deux autres encore en bas âge; et cependant je ne les ferai pas paraître ici pour vous engager à m'absoudre...... Il me semble que la justice veut que l'on ne doive pas son salut à ses prières, qu'on ne supplie pas le juge, mais qu'on l'éclaire et qu'on le convainque; car le juge ne siége pas ici pour sacrifier la justice au désir de plaire, mais pour la suivre religieusement.... »

Les juges de Socrate ayant été aux voix, sur le nombre de 556 dont le tribunal était composé, 281 opinèrent contre Socrate, et 275 en sa faveur. La culpabilité étant établie, il ne restait que la peine à prononcer.

« Votre jugement, leur dit-il, m'a peu ému, et par bien des raisons; d'ailleurs je m'attendais à ce qui est arrivé. Ce qui me surprend bien plus, c'est le nombre des voix pour ou contre; j'étais bien loin de m'attendre à être condamné à une si faible majorité; car, à ce qu'il paraît, il n'aurait fallu que trois voix de plus pour que je fusse absous.... C'est donc la peine de mort que cet homme réclame contre moi ; à la bonne heure; et moi, de mon côté, Athéniens, à quelle peine me condamnerai-je? Je dois choisir ce qui m'est dû ; et que m'est-il dû? Quelle peine afflictive, quelle amende mérité-je, moi qui me suis fait un principe de ne connaître aucun repos pendant toute ma vie, négligeant ce que les autres recherchent avec tant d'empressement, les richesses, le soin de ses affaires domestiques, les emplois militaires, les fonctions d'orateur et toutes les autres dignités ; moi qui ne suis jamais entré dans aucune des conjurations et des cabales si fréquentes dans la république;.... qui n'ai voulu d'autre occupation que celle de vous rendre à chacun en particulier le plus grand de tous les services, en vous exhortant tous individuellement à ne pas songer à ce qui vous appartient accidentellement plutôt qu'à ce qui constitue votre essence et à tout ce qui peut vous rendre vertueux et sages; à ne pas songer aux intérêts passagers de la patrie plutôt qu'à la patrie elle-même, et ainsi de tout le reste? Athéniens, telle a été ma conduite; que mérite-t-elle? Une récompense, si vous voulez être justes, et même une récompense qui puisse me convenir. Or, qu'est-ce qui peut convenir à un homme pauvre, votre bienfaiteur, qui a besoin de loisir pour ne s'occuper qu'à vous donner des conseils utiles? Il n'y a rien qui lui convienne plus, Athéniens, que d'être nourri dans le Prytanée......

« Quoi! pour éviter la peine que réclame contre moi Mélitus, et de laquelle j'ai déjà dit que je ne sais pas si elle est un bien ou un mal, j'irai choisir une peine que je sais très-certainement être un mal, et je m'y condamnerai moi-même! Choisirai-je les fers? Mais pourquoi me faudrait-il passer ma vie en prison, esclave du pouvoir des Onze, qui se renouvelle toujours? Une amende et la prison jusqu'à ce que je l'aie payée? Mais cela revient au même, car je n'ai pas de quoi la payer. Me condamnerai-je à l'exil? Peut-être y consentiriez-vous; mais il faudrait que l'amour de la vie m'eût bien aveuglé, Athéniens, pour que je pusse imaginer que si vous, mes concitoyens, vous n'avez pu supporter ma manière d'être et mes discours, s'ils vous sont devenus tellement importuns et odieux qu'aujourd'hui vous voulez enfin vous en délivrer, d'autres n'auront pas de peine à les supporter. Il s'en faut de beaucoup, Athéniens. En vérité, ce serait une belle vie pour moi, vieux comme je suis, de quitter mon pays, d'aller errant de ville en ville, et de vivre comme un proscrit! Car je sais que partout où j'irai, les jeunes gens viendront m'écouter comme ici; si je les rebute, eux-mêmes me feront bannir par les hommes plus âgés; et si je ne les

6.

rebute pas, leurs pères et leurs parens me banniront à cause d'eux...

« Voici quelques raisons d'espérer que la mort est un bien. Il faut qu'elle soit de deux choses l'une, ou l'anéantissement absolu et la destruction de toute conscience, ou, comme on le dit, un simple changement, le passage de l'ame d'un lieu dans un autre. Si la mort est la privation de tout sentiment, un sommeil sans aucun songe, quel merveilleux avantage n'est-ce pas que de mourir? Car, que quelqu'un choisisse une nuit ainsi passée dans un sommeil profond que n'aurait troublé aucun songe, et qu'il compare cette nuit avec toutes les nuits et avec tous les jours qui ont rempli le cours entier de sa vie; qu'il réfléchisse, et qu'il dise en conscience combien dans sa vie il a eu de jours et de nuits plus heureuses et plus douces que celle-là.... Si la mort est un passage de ce séjour dans un autre, et si ce qu'on dit est véritable, que là est le rendez-vous de tous ceux qui ont vécu, quel plus grand bien peut-on imaginer, mes juges? Car enfin, si, en arrivant aux enfers, échappés à ceux qui se prétendent ici-bas des juges, l'on y trouve les vrais juges, ceux qui passent pour y rendre la justice, Minos, Rhadamanthe, Éaque et Triptolème, et tous ces autres demi-dieux qui ont été justes pendant leur vie, le voyage serait-il donc si malheureux? Combien ne donnerait-on pas pour s'entretenir avec Orphée, Musée, Hésiode, Homère? Quant à moi, si cela est véritable, je veux mourir plusieurs fois..... Mais il est temps que nous nous quittions, moi pour mourir, et vous pour vivre. Qui de nous a le meilleur partage? personne ne le sait, excepté Dieu. » (*Apologie de Socrate.*)

Retiré dans sa prison, et déterminé à mourir, Socrate vit Criton s'efforcer de lui faire adopter d'autres idées.

« O mon cher Socrate! il en est temps encore, suis mes conseils, et sauve-toi; car, pour moi, dans ta mort je trouverai plus d'un malheur : outre la douleur d'être privé de toi, d'un ami tel que je n'en retrouverai jamais de pareil, j'ai encore à craindre que le vulgaire, qui ne nous connaît bien ni l'un ni l'autre, ne croie que, pouvant te sauver si j'avais voulu sacrifier quelque argent, j'ai négligé de le faire. Or, y a-t-il une réputation plus honteuse que de passer pour plus attaché à son argent qu'à ses amis? Car jamais le vulgaire ne voudra se persuader que c'est toi qui as refusé de sortir d'ici, malgré nos instances.

Socrate : « Mais pourquoi, cher Criton, nous tant mettre en peine de l'opinion du vulgaire? Les hommes sensés, dont il faut beaucoup plus s'occuper, sauront bien reconnaître comment les choses se sont véritablement passées.....

Criton : « On ne demande pas beaucoup d'argent pour te tirer d'ici et te mettre en sûreté.... Ma fortune est à toi ; elle suffira, je pense ; et si, par intérêt pour moi, tu ne crois pas devoir en faire usage, il y a ici des étrangers qui mettent la leur à ta disposition. Un d'eux, Simmias de Thèbes, a apporté pour cela l'argent nécessaire ; Cébès et beaucoup d'autres te font les mêmes offres. Ainsi, je te le répète, que ces craintes ne t'empêchent pas de pourvoir à ta sûreté ; et quant à ce que tu disais devant le tribunal, que si tu sortais d'ici tu ne saurais que devenir, que cela ne t'embarrasse point : partout où tu iras, tu seras aimé. Si tu veux aller en Thessalie, j'y ai des hôtes qui sauront t'apprécier, et qui te procureront un asyle où tu seras à l'abri de toute inquiétude. Je te dirai plus, Socrate ; il me semble que ce n'est pas une action juste que de te livrer toi-même quand tu peux te sauver, et de travailler de tes propres mains au succès de la trame ourdie par tes mortels ennemis. Ajoute à cela que tu trahis tes enfans ; que tu vas les abandonner quand tu peux les nourrir et les élever ; que tu les livres, autant qu'il est en toi, à la merci du sort, et aux maux qui sont le partage des orphelins...... »

Socrate répond à tous ces argumens en rappe-

lant à son disciple le respect pour les lois de la patrie. Examinant avec calme si sa fuite est juste ou injuste, et convaincu qu'elle est contraire aux véritables principes de la justice. « Il n'y a plus à raisonner, dit-il: il faut rester, mourir, souffrir tout plutôt que de commettre une injustice..... Au moment de nous enfuir, si les Lois et la République elle-même venaient se présenter devant nous, et nous disaient :
« Socrate, que vas-tu faire ? l'action que tu prépares
« ne tend-elle pas à renverser, autant qu'il est en
« toi, et nous et l'état tout entier ? car quel état peut
« subsister où les jugemens rendus n'ont aucune
« force et sont foulés aux pieds par les particuliers ?....
« Personne ne s'avisera-t-il de remarquer qu'à ton
« âge, ayant peu de temps à vivre selon toute ap-
« parence, il faut que tu aies bien aimé la vie pour
« y sacrifier les lois les plus saintes ? Non, peut-être,
« si tu ne choques personne; autrement, Socrate,
« il te faudra entendre bien des choses humiliantes.
« Tu vivras dépendant de tous les hommes, et ram-
« pant devant eux. Et que feras-tu en Thessalie que
« de traîner ton oisiveté de festin en festin, comme
« si tu n'y étais allé que pour un souper ? Alors que
« deviendront tous ces discours sur la justice et
« toutes les autres vertus ? Mais peut-être veux-tu
« te conserver pour tes enfans, afin de pouvoir les
« élever ? Quoi donc ! est-ce en les amenant en

« Thessalie que tu les éleveras, en les rendant étran-
« gers à leur patrie, pour qu'ils t'aient encore cette
« obligation? ou si tu les laisses à Athènes, seront-
« ils mieux élevés, quand tu ne seras pas avec eux,
« parce que tu seras en vie? Mais tes amis en auront
« soin? Quoi! ils en auront soin si tu vas en Thes-
« salie, et si tu vas aux enfers ils n'en auront pas
« soin! Non, Socrate, si du moins ceux qui se disent
« tes amis valent quelque chose; et il faut le croire.
« Socrate, suis les conseils de celles qui t'ont nourri :
« ne mets ni tes enfans, ni ta vie, ni quelque chose
« que ce puisse être, au-dessus de la justice, et
« quand tu arriveras aux enfers, tu pourras plaider
« ta cause devant les juges que tu y trouveras.... »

« Laissons donc cette discussion, mon cher Criton, et marchons sans rien craindre par où Dieu
nous conduit. (*Criton.*) »

On sait quelle fut la mort de l'homme juste, et
comment aussi, sur son lit, entouré de ses disciples
et jouant avec les cheveux du jeune Clitobule, il fit
entendre ses dernières pensées sur l'immortalité de
ce principe intellectuel qui reste et survit après la
dissolution de notre organisation physique. Ce que
le génie humain a de plus sublime, ce que l'ame a
de plus tendre, ce que la parole a de plus expressif,
se retrouve dans ce discours où l'homme qui meurt

QUATRIÈME SOIRÉE. 89

est obligé de prodiguer ses consolations à ceux qui l'entourent. Après avoir embrassé sa femme [1] et ses enfans, il prit un bain et rentra dans sa prison où ses disciples l'attendaient encore. Il se replaçait sur son lit lorsque le serviteur des Onze entra presqu'en même temps, et s'approchant de lui : « Socrate, dit-il, j'espère que je n'aurai pas à te faire le même reproche qu'aux autres : dès que je viens les avertir, par l'ordre des magistrats, qu'il faut boire le poison, ils s'emportent contre moi et me maudissent; mais pour toi, depuis que tu es ici, je t'ai toujours trouvé le plus courageux, le plus doux et le meilleur de ceux qui sont jamais venus dans cette prison, et en ce moment je suis bien assuré que tu n'es pas fâché contre moi, mais contre ceux qui sont la cause de ton malheur, et

---

[1] L'épouse de Socrate se nommait Xantippe. Elle était d'un caractère aussi emporté que celui de son mari était doux et pacifique. Avant de l'épouser, Socrate, dit-on, n'ignorait pas sa mauvaise humeur. Xénophon lui demanda un jour pourquoi donc il l'avait épousée ? « Pourquoi! reprit-il, parce qu'elle exerce ma patience, et qu'en la souffrant je puis supporter tout ce qui peut m'arriver de la part des autres. » Un jour, après que Xantippe eut vomi contre son mari un torrent d'injures, elle finit par lui jeter un pot d'eau sale sur la tête. La patience de Socrate n'en éprouva aucune altération; il ne fit qu'en rire, et il ajouta : « Il fallait bien qu'il plût après un si grand tonnerre. » (T.)

que tu connais bien. Maintenant, tu sais ce que je viens t'annoncer ; adieu, tâche de supporter avec résignation ce qui est inévitable. Et en même temps il se détourna en fondant en larmes, et se retira. Socrate, le regardant, lui dit : Et toi aussi, reçois mes adieux ; je ferai ce que tu dis. Et se tournant vers nous : Voyez, nous dit-il, quelle honnêteté dans cet homme ! tout le temps que j'ai été ici, il m'est venu voir souvent, et s'est entretenu avec moi : c'était le meilleur des hommes ; et maintenant comme il me pleure de bon cœur ! Mais allons, Criton, obéissons-lui de bonne grâce, et qu'on m'apporte le poison, s'il est broyé ; sinon, qu'il le broye lui-même.

« Mais je pense, Socrate, lui dit Criton, que le soleil est encore sur les montagnes, et qu'il n'est pas couché ; d'ailleurs je sais que beaucoup d'autres ne prennent le poison que long-temps après que l'ordre leur en a été donné ; qu'ils mangent et qu'ils boivent à souhait ; quelques-uns même ont pu jouir de leurs amours ; c'est pourquoi ne te presse pas, tu as encore du temps.

« Ceux qui font ce que tu dis, Criton, répondit Socrate, ont leurs raisons ; ils croient que c'est autant de gagné : et moi, j'ai aussi les miennes pour ne pas le faire ; car la seule chose que je croirais gagner, en buvant un peu plus tard, c'est de me rendre ridicule à moi-même, en me trouvant si amoureux de la vie que je veuille l'épargner lorsqu'il n'y en a plus. Ainsi donc, mon cher Criton, fais ce que je te dis, et ne me tourmente pas davantage.

« A ces mots, Criton fit signe à l'esclave qui se tenait auprès. L'esclave sortit, et, après être resté quelque temps, il revint avec celui qui devait donner le poison, qu'il portait tout broyé dans une coupe. Aussitôt que Socrate le vit : Fort bien, mon ami, lui dit-il; mais que faut-il que je fasse? car c'est à toi à me l'apprendre.

« Pas autre chose, lui dit cet homme, que de te promener, quand tu auras bu, jusqu'à ce que tu sentes tes jambes appesanties, et alors de te coucher sur ton lit; le poison agira de lui-même. Et en même temps il lui tendit la coupe. Socrate la prit avec la plus parfaite sécurité, sans aucune émotion, sans changer de couleur ni de visage; mais, regardant cet homme d'un œil ferme et assuré, comme à son ordinaire : Dis-moi, est-il permis de répandre un peu de ce breuvage, pour en faire une libation?

« Socrate, lui répondit cet homme, nous n'en broyons que ce qu'il est nécessaire d'en boire.

« J'entends, dit Socrate; mais au moins il est permis et il est juste de faire ses prières aux dieux, afin qu'ils bénissent notre voyage et le rendent heureux; c'est ce que je leur demande. Puissent-ils exaucer mes vœux! Après avoir dit cela, il porta la coupe à ses lèvres, et la but avec une tranquillité et une douceur merveilleuse.

« Jusque-là, nous avions eu presque tous assez de force pour retenir nos larmes; mais en le voyant boire, et après qu'il eut bu, nous n'en fûmes plus les maîtres. Pour moi, malgré tous mes efforts, mes larmes s'échappèrent avec tant d'abondance, que je me couvris de mon manteau pour pleurer sur moi-même; car ce n'était pas le malheur de Socrate que je pleurais, mais le mien, en songeant quel ami j'allais perdre. Criton, avant moi, n'ayant pu retenir ses larmes, était sorti; et Apollodore, qui n'avait presque pas cessé de pleurer auparavant, se mit alors à crier, à hurler et à sangloter avec tant de force, qu'il n'y eut personne à qui il ne fît fendre le cœur, excepté Socrate. Que faites-vous? dit-il, ô mes bons amis! N'était-ce pas pour cela que j'avais renvoyé les femmes, pour éviter des scènes aussi peu convenables? car j'ai toujours ouï dire qu'il faut mourir avec de bonnes paroles. Tenez-vous donc en repos, et montrez plus de fermeté.

« Ces mots nous firent rougir, et nous retînmes nos pleurs.

« Cependant Socrate, qui se promenait, dit qu'il sentait ses jambes s'appesantir, et il se coucha sur le dos, comme l'homme l'avait ordonné. En même temps le même homme qui lui avait donné le poison s'approcha, et, après avoir examiné quelque temps ses pieds et ses jambes, il lui serra le pied fortement, et lui demanda s'il le sentait ; il dit que non. Il lui serra ensuite les jambes ; et, portant ses mains plus haut, il nous fit voir que le corps se glaçait et se roidissait ; et, le touchant lui-même, il nous dit que dès que le froid gagnerait le cœur, alors Socrate nous quitterait. Déjà tout le bas-ventre était glacé. Alors se découvrant, car il était couvert : Criton, dit-il, et ce furent ses dernières paroles, nous devons un coq à Esculape ; n'oublie pas d'acquitter cette dette.

« Cela sera fait, répondit Criton ; mais vois si tu as encore quelque chose à nous dire.

« Il ne répondit rien, et un peu de temps après il fit un mouvement convulsif ; alors l'homme le découvrit tout-à-fait : ses regards étaient fixes. Criton, s'en étant aperçu, lui ferma la bouche et les yeux. » (*Phédon*).

Tel fut dans ses derniers momens l'homme le plus sage que les temps antiques aient offert à notre admiration. En ordonnant un sacrifice à Esculape, il était conséquent avec lui-même et avec ses principes ; bien convaincu que l'existence véritable de l'homme réside dans l'intelligence pure, et non dans les passions qui composent l'action presque continuelle du corps et des sens. Il vit arriver avec calme et sérénité, même avec quelque joie peut-être, le moment où son ame allait se détacher de son enveloppe mortelle ; et, par un dernier acte de reconnaissance, il rendit grâce au ciel de la voir délivrée de cette maladie que les hommes appellent la vie [1].

Après lui son école fut dispersée ; Platon, qui avait fait tous ses efforts pour défendre Socrate, et qui en avait été empêché par lui-même, recueillit ses traditions précieuses et porta dans divers pays l'enseignement de ses hautes doctrines. Cependant il n'avait point renoncé au séjour d'Athènes ; et son exil, qui n'avait eu pour but, selon sa propre expression, que d'épargner un second crime à ses concitoyens, dut cesser le jour où on vint lui apprendre à Mégare que les Athéniens, pénétrés de repentir, venaient de lapider Mélitus, accusateur de Socrate, et avaient décrété qu'il serait élevé une

---

[1] Socrate était fils d'un sculpteur nommé Sophronisque, et d'une sage-femme appelée Phenarete. Il naquit à Athènes, l'an 469 avant J. C. Il exerça d'abord l'état de son père, et l'on cite de lui la statue des trois Grâces, qu'il représenta légèrement voilées. L'histoire de ce philosophe est suffisamment connue par ce qu'en a dit M. Ch. Durand. Socrate mourut à l'âge de 70 ans, l'an 400 avant J. C. (T.)

statue à cet immortel apôtre de la philosophie et de la vérité.

J'ai dit la vérité ; car en le dépouillant de son entourage mythologique et des subtilités de l'école usitées à cette époque, le système de Socrate se réduit à l'unité de Dieu, l'immortalité de l'ame, l'existence du sens intime, la conscience du juste et de l'injuste, et la connaissance approfondie des devoirs de l'homme et du citoyen. Cette philosophie, seule immobile et comme triomphante au milieu de la chute de toutes les autres, leur a survécu et les domine encore comme une colonne solitaire s'élevant au milieu d'une vallée de ruines. Que faut-il conclure de cette durée ?

Supposez qu'au milieu de toutes les opinions philosophiques, si ténébreuses, si obscures, deux propositions mathématiques se soient rencontrées, aussi vraies, aussi simples, par exemple, que celle-ci : Que les angles opposés par le sommet sont égaux, ou que deux unités, réunies à deux unités, forment ensemble quatre unités ; croyez-vous que ces deux propositions n'aient pas été de nature à triompher du temps et à subsister au milieu de la décadence générale ? On ne peut le nier, car ces deux propositions sont deux vérités.

Quel préjugé favorable n'est-on pas dès-lors forcé d'admettre au sujet de cette philosophie de Socrate, qui seule se maintenant, alors que toutes les autres disparaissent, semble porter en elle-même ce privilège de durée que l'expérience nous montre n'appartenir, dans les sciences, qu'à ce qui constitue la vérité !

Que de vertu a produit l'enseignement de Socrate, et qu'elles étaient vives et séduisantes ces leçons où, abdiquant toute apparence d'érudition, et réduisant tout à la conversation la plus simple, il donnait à la jeunesse, dans les rues, sur les places, dans les jardins publics, ces conseils austères qui forment des citoyens pour la patrie et des hommes pour la vertu ! (*Théagès.*)

Ce n'est pas seulement l'orateur, le philosophe, qui trouveront des inspirations sublimes dans ces hautes pensées : elles ont inspiré aussi les poètes ; le Phédon de Platon ne respire-t-il pas tout entier dans ces vers de La Fontaine :

> Ni l'or ni la grandeur ne nous rendent heureux.
> Ces deux divinités n'accordent à nos vœux
> Que des biens peu certains, qu'un plaisir peu tranquille :
> Des soucis dévorants c'est l'éternel asile ;
> Véritables vautours, que le fils de Japet
> Représente, enchaîné sur son triste sommet.
> L'humble toit est exempt d'un tribut si funeste.
> Le sage y vit en paix, et méprise le reste :
> Content de ses douceurs, errant parmi les bois,
> Il regarde à ses pieds les favoris des rois ;

Il lit au front de ceux qu'un vain luxe environne
Que la fortune vend ce qu'on croit qu'elle donne.
Approche-t-il du but, quitte-t-il ce séjour;
Rien ne trouble sa fin : c'est le soir d'un beau jour.

Florian, qui savait peindre les passions douces, et dont les écrits respirent la plus tendre sensibilité, laisse-t-il échapper, à la fin d'une fable, un cri de sentiment et d'humanité, il ne fait, dans sa morale, que copier, pour ainsi dire, une phrase du Gorgias.

LA BREBIS ET LE CHIEN.

La brebis et le chien, de tous les temps amis,
Se racontaient un jour leur vie infortunée.
Ah ! disait la brebis, je pleure et je frémis
Quand je songe aux malheurs de notre destinée.
Toi, l'esclave de l'homme, adorant des ingrats,
  Toujours soumis, tendre et fidèle,
  Tu reçois, pour prix de ton zèle,
  Des coups et souvent le trépas.
  Moi, qui tous les ans les habille,
Qui leur donne du lait et qui fume leurs champs,
Je vois chaque matin quelqu'un de ma famille
  Assassiné par ces méchants.
Leurs confrères les loups dévorent ce qui reste.
  Victimes de ces inhumains,
Travailler pour eux seuls, et mourir par leurs mains,
  Voilà notre destin funeste !
Il est vrai, dit le chien : mais crois-tu plus heureux
  Les auteurs de notre misère ?
  Va, ma sœur, *il vaut encor mieux*
  Souffrir le mal que de le faire.

C'est donc à la fois comme philosophe, comme politique, comme écrivain, que Platon se recommande à l'admiration des hommes. Comme philosophe, il est un des soutiens, et le principal maître sans doute de ces spiritualistes dont les opinions belles et consolantes reconnaissent quelque chose à l'homme après cette vie, et ne laissent pas l'infortune sans quelqu'espoir de consolation. Sa politique n'est presque toujours que la manière plus ou moins habile de mettre en action le principe de la vertu; non par le détail de chaque vertu séparément examinée, mais par la connaissance du bien général, sur lequel reposent toutes les règles sociales. La malheureuse expérience que, par le procès de Socrate et par quelques autres abus, Platon avait acquise des égaremens de l'esprit démocratique, le faisait pencher vers la monarchie; c'était tout simple: Platon, sous le despotisme, eût été le plus ardent défenseur des libertés publiques. Telle était la conséquence naturelle de la philosophie d'un sage qui, chez tous les peuples et sous tous les gouvernemens, ne reconnaissait d'intérêt véritable que celui de l'opprimé contre l'oppresseur.

Comme écrivain, enfin, Platon est jugé depuis long-temps: tous les siècles, en lui conservant le surnom de *divin*, ont confirmé le témoignage de la Grèce. Il n'est pas étonnant que les armes les plus puissantes de l'éloquence appartiennent de droit au penseur le plus profond, au caractère le plus généreux. C'est là le véritable sens, dit Voltaire, de cette antique fable qui représentait Minerve, la sagesse même, sortant toute armée du cerveau de Jupiter. Une autre fable aussi gracieuse est cette tradition par laquelle on nous apprend que Platon, encore au berceau, fut oublié par sa mère sous un bosquet de roses, et qu'un essaim d'abeilles, voltigeant autour de lui, laissa tomber sur ses lèvres une goutte de miel. C'était le présage de cette éloquence douce et suave qui charmait et captivait les hommes, et qui, peut-être, a contribué plus que toute autre à produire cette définition sublime de Vauvenargues : Que les grandes pensées viennent du cœur.[1]

---

[1] Platon était d'une famille illustre d'Athènes ; il descendait d'un frère de Solon. Il vit le jour l'an 429 avant J. C. Il s'attacha à Socrate dès l'âge de 20 ans. Il voyagea beaucoup, et fut en Egypte, où il vendit de l'huile pour pourvoir à ses dépenses. Après la mort de Socrate, Dion, beau-frère de Denys, tyran de Syracuse, l'engagea de venir à la cour de ce prince pour y donner des leçons de philosophie. Platon s'y rendit ; mais, ayant déplu par son langage vrai et libre, Denys chargea Pollin, un de ses officiers, de reconduire Platon dans sa patrie, mais avec l'ordre secret de le tuer en route ou au moins de le vendre : c'est ce que nous dit Plutarque. Le philosophe ne fut pas assassiné ; mais

il fut vendu à Egine, d'où il revint dans sa patrie. Il fut encore rappelé deux fois par Dion auprès de Denys, et ne put parvenir à dompter ce caractère altier. Les amis de Platon lui représentaient le danger qu'il y avait pour lui de se rendre auprès de ce tyran; il leur répondait qu'il ne fallait pas se borner à prêcher de loin la vertu, qu'il fallait encore la mettre en pratique, et que les rois en avaient plus besoin que d'autres. Il préférait, il est vrai, le gouvernement monarchique; mais il exigeait que les rois fussent philosophes, car il abhorrait la tyrannie. Avant de mourir, il disait qu'il remerciait les dieux d'être né homme et non brute, Grec et non barbare, et de s'être arrêté sur la terre du temps de Socrate. Il mourut à l'âge de 81 ans, l'an 348 avant J. C. C'était le jour de l'anniversaire de sa naissance. On mit sur son tombeau : « Cette terre couvre le corps de Platon ; le ciel « contient son ame bienheureuse : homme, qui que tu sois, si « tu es honnête, tu dois révérer ses vertus. »   (T.)

CINQUIÈME SOIRÉE.

HISTORIENS ET ORATEURS GRECS.

Hérodote, Thucydide, Xénophon, Aspasie, Périclès, Socrate, Eschine, Démosthène, Démétrius.

Comme, d'une part, les esprits étaient arrivés, par une progression croissante des lumières, jusqu'à l'application de la philosophie aux mœurs privées, une révolution pareille se préparait en ce qui concernait les mœurs publiques. Et comme la science de la morale avait été fondée par l'école et les leçons de Socrate, la science de la politique, ou plutôt de l'éloquence appliquée aux intérêts législatifs, commença dans la personne et dans les discours de Périclès. Ce ne fut pas spontanément qu'il en conçut l'idée ; un esprit supérieur lui avait donné cette impulsion sublime, et il serait injuste de priver Aspasie de la gloire qui lui est due dans la postérité.

Aspasie était belle, et, malgré des mœurs peu recommandables, elle dut à son génie de dominer sur les Athéniens, et d'inspirer à tous l'amour des lumières et l'attachement à la patrie. Socrate avait une si haute opinion de cette femme célèbre, qu'il n'en parle jamais sans un sentiment de respect et de reconnaissance. Bien plus, dans un dialogue de Platon, où il s'agit de distinguer la véritable et la fausse éloquence, et d'éviter l'abus des paroles, pour faire résider l'art oratoire dans les pensées vraiment grandes et utiles et dans les sentimens nobles et généreux, Socrate, se livrant lui-même à quelques inspirations oratoires, trace un modèle d'oraison funèbre, telle qu'il la conçoit, pleine de faits, de mouvemens éloquens, et il feint de l'attribuer à Aspasie.

Cette femme célèbre n'avait pas seulement conseillé Périclès; on lui attribue encore une grande partie des discours politiques prononcés par ce grand capitaine. Le premier surtout, qui contenait l'éloge des guerriers morts pour la patrie, passe, chez tous les historiens, pour avoir été composé par elle. On sait quel effet électrique il produisit : accoutumée à entendre vanter sans cesse ses aïeux morts depuis des siècles, la foule éprouva une émotion puissante quand elle entendit vanter éloquemment des faits contemporains, une victoire présente, des guerriers à peine expirés. Les veuves, les filles des héros se précipitèrent vers l'orateur,

CINQUIÈME SOIRÉE. 103

et chargèrent sa tête de couronnes; ce jour solennel vit un des plus beaux triomphes que le ciel de la Grèce ait jamais éclairés [1].

C'était un art nouveau qui venait de se former; et il ne faut point le confondre avec l'éloquence philosophique que Socrate avait déjà perfectionnée. C'était dans les rues, sur les places, dans les jardins publics, que Socrate tenait ses conversations familières; quelques jeunes gens jaloux de s'instruire, et, pour la plupart, déjà éclairés par l'étude, voilà ce qui composait son école. Mais, avec Périclès, il faut que l'imagination se représente, pour la première fois, une place publique couverte de peuple, une tribune s'élevant au mi-

---

[1] Aspasie était de Milet, et fille d'Axiochus. Périclès s'attacha à elle comme à une personne très-savante et très-habile dans l'art de l'éloquence et de la politique. Socrate la visitait souvent; et ceux qui la fréquentaient, nous dit Plutarque, ne se faisaient aucun scrupule d'y mener leur femme, quoiqu'elle fît un métier qui n'était ni beau ni honnête, et qui répondait mal aux grandes lumières dont son esprit était orné, car elle avait dans sa maison un grand nombre de courtisanes. Périclès en fut tellement amoureux, qu'il répudia sa femme, dont il avait deux enfans. Aspasie exerça tant d'influence sur son esprit, qu'on dit qu'elle détermina par ses conseils les guerres de Samos, de Mégare et du Péloponèse. Elle fut accusée d'impiété; elle plaida sa cause elle-même et la gagna. Pendant son discours, Périclès répandit beaucoup de larmes, et attendrit les juges. La maison d'Aspasie était le rendez-vous

lieu de la foule, un orateur parlant seul, non point pour inventer des questions ou discourir à son aise sur des points de morale, mais pour prévoir toutes les objections et y répondre ; pour traiter un sujet que la généralité puisse comprendre ; pour manier à son gré l'esprit de cette multitude inconstante, soumise aux impressions magiques de la parole, et devant aux discours entraînans d'un seul homme ses plus unanimes résolutions.

Tel fut l'art que Périclès mit en pratique, et qu'avait deviné l'imposant génie d'une femme. Ce sexe nous paraît sans cesse, dans l'histoire, user de sa prodigieuse influence pour le bien et pour le mal. Souvent, dans la Grèce comme à Rome, on

---

des philosophes et des savans : c'était la Ninon d'Athènes ; et, malgré le désordre de ses mœurs, elle contribua très-efficacement au triomphe des lumières, et parvint à inspirer aux Athéniens le goût des beaux-arts et des sciences. Les auteurs comiques de l'époque l'appelaient la *nouvelle Omphale, Déjanire* ou *Junon*. Cratinus la traite ouvertement de courtisane dans ses vers. Après la mort de Périclès, elle s'attacha à un nommé Lysiclès qui avait été marchand de bestiaux ; par son crédit et son ascendant sur l'esprit des Athéniens, elle le fit nommer un des premiers magistrats de la république. Nous ne trouvons rien dans l'antiquité qui puisse être comparé à cette femme célèbre. Son nom fut si renommé que Cyrus, qui combattit contre Artaxerce pour l'empire des Perses, le fit prendre à sa maîtresse. (T.)

dut à cette influence, non seulement de beaux discours, mais des actions héroïques. Les femmes, a dit J.-J. Rousseau, sont les juges naturels du mérite des hommes : « Malheur au siècle où les femmes perdent leur ascendant et où leurs jugements ne font plus rien aux hommes ! c'est le dernier degré de la dépravation. Tous les peuples qui ont eu des mœurs ont respecté les femmes. Voyez Sparte, voyez les Germains, voyez Rome, Rome le siège de la gloire et de la vertu si jamais elles en eurent sur la terre. C'est là que les femmes honoroient les exploits des grands généraux, qu'elles pleuroient publiquement les pères de la patrie, que leurs vœux ou leurs deuils étoient consacrés comme le plus solennel jugement de la république. Toutes les grandes révolutions y vinrent des femmes : par une femme Rome acquit la liberté, par une femme les plébéiens obtinrent le consulat, par une femme finit la tyrannie des décemvirs, par les femmes Rome assiégée fut sauvée des mains d'un proscrit. Galants François, qu'eussiez-vous dit en voyant passer cette procession si ridicule à vos yeux moqueurs ? vous l'eussiez accompagnée de vos huées. Que nous voyons d'un œil différent les mêmes objets ! et peut-être avons-nous tous raison. Formez ce cortège de belles dames françoises, je n'en connois point de plus indécent :

mais composez-le de Romaines, vous aurez tous les yeux des Volsques et le cœur de Coriolan. »

Le temps où Jean-Jacques parlait ainsi est déjà loin de nous, et peut-être est-il vrai de dire que les femmes ont fait de nos jours de grands pas dans l'alliance des mœurs et des lumières. Plus nos institutions se mûrissent et donnent à notre caractère une teinte de gravité, plus l'influence des femmes est appréciée; et loin qu'elle nous porte vers les futilités d'autrefois, nous la sentons chaque jour, se mêlant à notre première éducation, nous pousser vers les sentimens généreux, vers l'amour des lettres et de la patrie.

Il ne nous reste aucun discours de Périclès. Cicéron, qui les avait lus et étudiés, nous apprend qu'ils ne brillaient point, comme ceux d'Isocrate, d'Eschine, de Démosthène, par un langage perfectionné, mais qu'ils se recommandaient par une énergie remarquable [1].

---

[1] Plutarque a écrit la vie de ce grand homme, qui mourut l'an 429 avant J. C. Périclès gouverna pendant quarante ans la république d'Athènes. Il était natif de la tribu Acamantide, du bourg de Cholargue. Il était neveu de Clisthène, qui chassa les descendans de Pisistrate. La mère de Périclès, la veille de son accouchement, rêva qu'elle avait mis au monde un lion. Périclès avait la tête très-mal proportionnée. Les poètes l'appelaient *schinocephalon*, c'est-à-dire tête d'oignon. (T.)

L'éducation des hommes, entièrement dégagée des idées métaphysiques, s'étant enfin tournée vers les choses utiles et positives, on sentit généralement, dans la Grèce, qu'ainsi que les principes d'autrefois avaient été invoqués en philosophie pour établir de nouveaux principes, il fallait, pour préparer des événemens mémorables, s'occuper des événemens d'autrefois; et l'histoire fut entreprise.

Hérodote connut le premier, et s'empressa de satisfaire le besoin moral de son époque. Malgré ses nombreuses erreurs, son aveugle crédulité, sa croyance à des préjugés populaires, il rendit aux lettres un important service, puisque, pour la première fois, il charma les Grecs par le récit d'actions dégagées de toutes fictions poétiques. En l'écoutant dans l'enceinte des jeux olympiques, un jeune homme, transporté d'admiration, ne put retenir ses larmes et se prit d'un violent amour pour l'histoire; ce jeune adolescent était Thucydide, qui peut-être dut à ses premières émotions et ses ouvrages et sa célébrité [1].

---

[1] Hérodote était d'Halicarnasse; il naquit l'an 484 avant J. C. Son histoire contient les guerres des Perses contre les Grecs, depuis le règne de Cyrus jusqu'à celui de Xercès, ainsi que celles de la plupart des autres nations. On y trouve tout ce qui s'est passé de mémorable pendant 240 ans. Ayant lu plusieurs passages de son histoire, aux fêtes des Panathénées, les Athéniens lui

Plus parfait qu'Hérodote, et surtout plus éloquent dans ses harangues, Thucydide a eu la gloire d'être profondément étudié par Démosthène et par Cicéron. Quelques historiens et quelques critiques ont osé penser que ces discours supposés de Thucydide n'étaient que de magnifiques hors-d'œuvre. C'est une question grave, et qui, jusqu'à ce jour, ne paraît pas décidée [1].

Elève de Socrate et rival de Platon en philosophie, Xénophon se présente aussi comme guerrier et comme écrivain. Immortalisé par sa mémorable retraite des dix mille, il devient aussi grand historien qu'il avait été grand capitaine. Nous lui devons quelques détails sur Socrate. Peut-être est-il plus véridique dans ses récits que ne l'a été Platon; mais ce dernier avait pénétré plus profondément dans les principes philosophiques du maître. Socrate, en lisant quelques écrits de Platon, avait dit, à la vérité : « Que de belles choses me fait dire ce jeune

---

accordèrent une récompense de 10 talens (154,000 fr.). Il vint en Italie, et mourut à Thurium, dans un âge très-avancé. (T.)

[1] Thucydide était d'Athènes, de la famille de Miltiade. Il naquit l'an 471 avant J. C. Il écrivit toutes les guerres du Péloponèse. Il était général des Athéniens, et fut témoin de tous les faits qu'il raconte. Il avait étudié la philosophie sous Anaxagore, et fut exilé par la faction de Cléon ; mais, après avoir été rappelé, il mourut à Athènes, à l'âge de 80 ans. (T.)

homme, auxquelles je n'ai jamais songé »; mais ce mot était relatif au style de l'écrivain, qui s'écartait de la simplicité usitée dans les leçons du sage, et Socrate ne reprochait point à Platon de changer ses principes ou ses opinions [1].

L'étude des faits compose la morale des peuples ; les historiens les instruisent du passé, les orateurs les conseillent pour l'avenir. Isocrate, Lysias, Théophraste, Eschine obtenaient à Athènes une réputation brillante. Ce dernier surtout, par son caractère et ses talens, méritait d'occuper le premier rang. Il ne faut pas se laisser influencer pas ces accusations trop banales de lâcheté et de trahison dont retentissait sans cesse la place publique. Rien

---

[1] Voici ce que dit Barthélemy : « Né dans un bourg de l'Attique, élevé à l'école de Socrate, Xénophon porta d'abord les armes pour sa patrie ; ensuite il entra comme volontaire dans l'armée du jeune Cyrus, pour détrôner son frère Artaxerce, roi de Perse. Après la mort de Cyrus, il fut chargé, conjointement avec quatre autres officiers, du commandement des troupes grecques; et c'est alors qu'il fit cette belle retraite, aussi admirée dans son genre que l'est dans le sien la relation qu'il nous en a donnée. A son retour, il passa au service d'Agésilas, roi de Lacédémone, dont il partagea la gloire et mérita l'amitié. Quelque temps après, les Athéniens le condamnèrent à l'exil, jaloux sans doute de la préférence qu'il accordait aux Lacédé-

ne prouve que Démosthène ni Eschine se soient vendus, quoiqu'on l'ait affirmé de tous les deux. Mais on était moins scrupuleux qu'on l'est de nos jours sur ces imputations et ces attaques qui ajoutent à la véhémence du langage, et quelquefois les rivaux qui les employaient s'estimaient pourtant et se rendaient justice. On sait qu'après avoir perdu son procès contre Démosthène, Eschine, forcé de s'exiler, ouvrit à Rhodes une école d'éloquence; qu'il lut à ses disciples son discours contre Démosthène, et la réponse de celui-ci; l'oraison d'Eschine ayant d'abord excité des applaudissemens, celle de son rival en obtint pourtant davantage, et le maître lui-même, exalté par l'éloquence

---

moniens. Mais ces derniers, pour le dédommager, lui donnèrent une habitation à Scillonte. » Il mourut vers l'an 360 avant J. C. Il paraît qu'il était très-recherché dans sa toilette guerrière, car on dit qu'il paraissait à l'armée avec un bouclier d'Argos, une cuirasse d'Athènes, un casque de Béotie et un cheval d'Epidaure. Il a écrit l'histoire de Cyrus. Voici ce que Cicéron dit à cet égard : *Cyrus ille à Xenophonte, non ad historiæ fidem scriptus est, sed ad effigiem justi imperii.* Il est malheureux que la reconnaissance ait égaré la plume de ce grand historien. Ce fut le fils de Xénophon qui porta le coup mortel à Epaminondas, général thébain, à la bataille de Mantinée, l'an 363 avant J. C.

(T.)

de Démosthène, dit à ses élèves avec vivacité :
« Et que serait-ce donc si vous l'eussiez entendu
lui-même ! »[1]

Cet enthousiasme était légitime, et toute la Grèce
l'avait partagé. Il est permis de croire encore que,
dans aucun des siècles qui ont suivi, Démosthène
n'a été surpassé. Son caractère, ses malheurs,
sa constance, son patriotisme, tout offre à la
postérité un grand sujet d'étude et de médita-
tion; c'est sur lui principalement qu'il faut arrêter
nos regards.

Elève de Platon, nourri de ses principes philosophiques, ce jeune homme, à peine âgé de 17 ans,
fut obligé de plaider contre ses tuteurs, dont l'avi-
dité l'avait dépouillé de sa fortune. Le succès de
cette première cause l'enhardit et lui inspira la soif
des triomphes oratoires. Témoin des éloges excessifs
que l'on prodiguait à l'orateur Calistrate, il se prit

---

[1] Eschine était né dans une condition obscure; son père était
maître d'école. Comme il avait la voix belle et sonore, ses parens
le firent monter sur le théâtre, où il joua des rôles subalternes.
Il cultiva la poésie, et devint élève de Platon. Il quitta alors
sa profession de comédien, et fut greffier d'un tribunal, puis
devint homme d'état et orateur. Il était un des plus aimables
Grecs de son temps. Phocion a rendu témoignage de sa valeur.
Il est mort à Samos, à l'âge de 75 ans. Démosthène avait en
lui un digne rival. (T.)

d'amour pour une si belle renommée. Sans consulter ses forces, il continua de fréquenter la tribune ; mais le succès ne répondit pas à son zèle : il échoua et alla cacher dans la retraite ses regrets et son désespoir. Là, fuyant le monde entier, s'imposant à lui-même, en se rasant la moitié de la tête, la nécessité de ne reparaître de long-temps dans la société des hommes, il se livra avec une violente ardeur aux travaux qui dans l'avenir pouvaient assurer ses succès et sa gloire. La bouche pleine de cailloux, pour exciter l'activité de sa langue indocile, il se promenait au bord des mers, s'exerçant, par le bruit des vagues, à entendre sans crainte les murmures d'une populace agitée. Gravissant les monts, pour fortifier sa poitrine par l'exercice, il déclamait tout haut les beaux vers de Sophocle et d'Euripide, tels que le comédien Satirus lui avait appris à les réciter. Huit fois il copia de sa propre main l'histoire entière de Thucydide, afin de donner à son style cette variété de tons, cette force, cet éclat qui distinguent le véritable orateur. Ainsi s'écoulèrent quelques-unes de ses années, lorsque tout-à-coup la place publique le vit reparaître au moment même où les menaces de Philippe et la crainte de l'invasion imprimaient à cette époque quelque chose de grave et de solennel. Défenseur du sol de sa patrie et des droits de ses concitoyens, il ranima tous les courages, tonna contre l'usurpateur, et jeta dans tous les cœurs les semences d'un patriotisme oublié depuis long-temps. On a reproché trop d'uniformité à ses discours; il doit être uniforme, en effet, l'orateur qui, sur une terre toujours menacée, défend toujours les mêmes libertés contre le même conquérant. La faute en est aux événemens, et n'en peut être attribuée à Démosthène.

Ses olynthiennes, ses philippiques, ses discours sur la paix, sur la lettre de Philippe, sur la Chersonèse, tout respire une force, tout dévoile un art profond qui dépasse de bien loin les discours des orateurs qui l'avaient précédé. De tous les hommes qui ont cultivé la science oratoire, Démosthène est sans contredit celui chez lequel cette science est le plus adroitement cachée. La Harpe dit avec raison : « En écoutant d'autres orateurs, « on est tenté de dire : Ils sont éloquens ; lorsqu'on « écoute Démosthène, on ne peut que dire : Il a « raison. »

C'est surtout dans cette oraison de la couronne, si vantée par Cicéron et par les rhéteurs de tous les âges, que Démosthène se dévoile tout entier. C'était contre Eschine qu'il parlait, et l'on connaît le sujet de cette lutte oratoire. Chargé de la reconstruction des murs d'Athènes, Démosthène avait ajouté aux fonds publics une somme assez considérable, prise sur ses propres deniers, afin que les remparts fussent en état si l'ennemi s'approchait de la ville. Ctésiphon proposa de reconnaître ce sacrifice en décernant à l'orateur une couronne d'or ; Eschine s'opposa à cette proposition, et prononça, pour faire douter des services de Démosthène, un des discours les plus éloquens que nous ait légué l'antiquité. La réponse de Démosthène fut le plus beau triomphe qui ait jamais signalé l'art oratoire. Eschine lui reproche-t-il la dépense des fortifications ?

« Non, répond Démosthène, ce n'est point avec des briques ni des pierres que j'ai fortifié Athènes, et ce n'est point là l'ouvrage dont je m'applaudis le plus. Mais examinez vous-mêmes avec des yeux d'équité les fortifications dont je l'ai revêtue. Armes, navires, ports, villes, forteresses, chevaux, soldats levés pour la défense commune, voilà ce que vous trouverez, Eschine ; voilà les remparts dont j'ai couvert et muni l'Attique autant que le pouvait la prudence humaine ; remparts qui n'embrassaient pas seulement le port et la ville, mais toute la contrée. Ce ne fut pas enfin de moi que triompha Philippe par sa politique et ses armes ; sa fortune n'a vaincu que des généraux et des troupes confédérées. »

Il faut entendre l'illustre orateur se justifier du

reproche de trahison ; d'abord en expliquant toutes les actions de son ministère ; ensuite en rejetant sur Eschine lui-même cette accusation de trahison sous laquelle celui-ci croyait l'accabler.

« Je suis loin d'avoir épuisé tout ce qu'on pourrait dire sur les événemens dont je parle ; mais peut-être n'en ai-je déjà que trop dit ! Ce méchant seul en est cause, qui, se déchargeant sur moi de ses iniquités, cherchant à me souiller de ses propres noirceurs, m'oblige à cette justification auprès des citoyens, trop jeunes la plupart pour avoir pu juger l'époque qui nous occupe. J'ai dû fatiguer ceux qui depuis long-temps connaissent sa trahison mercenaire. Il ose pourtant la décorer du nom d'amitié ! Je lui reproche, dit-il dans un endroit de son discours, je lui reproche l'amitié d'Alexandre !... Moi ! te reprocher l'amitié d'Alexandre ! Où l'aurais-tu acquise ? comment l'aurais-tu méritée ? Non, non, je ne suis point insensé, et je ne te nommerai jamais l'ami de Philippe ni d'Alexandre, à moins qu'il ne fallût appeler amis tous les salariés qui sont à leurs gages. Je ne l'ai pas dit, je ne pouvais le dire. Espion de Philippe d'abord, et ensuite d'Alexandre, voilà le nom que je te donne, et que ce peuple t'a confirmé. Tu en doutes? demande-le toi-même ; ou plutôt je vais le demander pour toi..... Athéniens ! qu'en pensez-vous ? Eschine est-il l'ami ou l'espion d'Alexandre?...... Entends-tu leur réponse ? »

Enfin, à Chéronée, où les Athéniens ont été vaincus, c'est Démosthène qui avait conseillé la guerre. « Nous avons failli, » dit Eschine, et il en accuse son rival. Celui-ci répond :

« Si j'avais l'audace de dire que c'est moi, Démosthène, qui vous ai inspiré ces sentimens dignes de vos ancêtres, il n'y a personne ici qui ne fût en droit de me répondre ; mais je déclare que vos résolutions courageuses sont sorties de votre propre cœur; je démontre que la république pensait, avant moi, avec la même noblesse, et que je n'ai fait que prêter mon ministère à ses efforts magnanimes. L'accusateur qui m'impute vos maux, et qui vous anime contre moi comme s'ils étaient mon ouvrage, ne veut pas seulement me frustrer d'une couronne, il veut vous ravir les éloges de tous les siècles à venir. Oui, si, condamnant l'auteur du décret, vous improuvez mon administration, on dira que vous avez failli, et non pas que vous avez subi les rigueurs d'une injuste fortune. Mais non, Athéniens ! non, vous n'avez point failli en exposant vos jours pour le salut et la liberté de la Grèce ; j'en jure par ceux de vos ancêtres qui combattirent pour les Grecs à Marathon, par ceux que la ville de Platée vit rangés en bataille, par ceux qui livrèrent le combat naval d'Arthémise et de Salamine, généreux citoyens dont les corps reposent aujourd'hui dans nos tombeaux publics ! L'état les honora tous de la même sépulture ; oui tous, Eschine, et non pas seulement ceux dont la fortune avait secondé la valeur ; et ils étaient dignes de cette justice, car tous avaient montré le même courage, quoique chacun d'eux eût éprouvé le sort que lui réservait la Divinité. »

Ce serment, qui fit une si vive impression sur tous les esprits, passait dans l'antiquité pour le plus mémorable des modèles dans l'art oratoire. En se résumant, Démosthène finit aussi noblement qu'il a commencé :

« Non, non, Athéniens, mon zèle pour vous ne m'abandonnera jamais ; il ne se démentit ni lorsqu'on demandait ma tête, ni lorsqu'on me citait au tribunal des amphictyons, ni lorsqu'on croyait m'ébranler par des menaces et des promesses, ni enfin lorsque, semblables à des bêtes féroces, tous ces furieux se déchaînèrent contre moi. Dès mes premiers pas dans le ministère, je suivis la route la plus droite, et je me fis une loi de ménager, comme un bien qui me serait propre, les honneurs, la gloire et la puissance de ma patrie. Lorsque nos ennemis prospèrent, on ne me voit point, triomphant et satisfait, me promener sur nos places publiques, présentant la main, et annonçant les bonnes nouvelles à ceux qui se hâteront de les envoyer en Macédoine ; jamais, en apprenant vos succès, on ne me voit trembler, soupirer, baisser tristement les yeux, pareil à ces citoyens dénaturés qui vont décriant partout la république, comme si par-là ils ne se décriaient pas eux-mêmes ; observant toujours au dehors les succès d'un prince qui ne peut être heureux que par les malheurs de la Grèce, vantant sa fortune, et faisant des vœux pour ses progrès.

« Dieux puissans ! rejetez leurs vœux impies, ou plutôt, s'il en est temps encore, rectifiez leurs esprits et leurs cœurs ; mais si leur malice est désormais incurable, poursuivez-les, exterminez-les partout sur la terre et sur les mers ; et nous, qu'auront épargnés vos soins, délivrez-nous des maux qui nous menacent, et accordez-nous enfin le salut et la tranquillité ! »

Tant d'éloquence, j'ose le dire, tant de vertus méritaient une récompense immortelle ; mais le même peuple qui avait condamné Socrate, souffrit la calomnie contre Démosthène, et l'abandonna bientôt aux poursuites d'Antipater. Depuis peu son exil avait cessé, et son retour semblait avoir répandu la joie dans tous les cœurs ; mais le conquérant, au milieu du triomphe, ne put oublier, ni les discours de Démosthène, ni les voyages qu'à l'époque même de sa proscription il faisait de ville en ville, cherchant à animer tous les peuples en faveur de la patrie ingrate qui le bannissait. Réfugié dans l'île de Calaurie, ce fut dans le temple de Neptune que le trouva l'envoyé d'Antipater. Vantant la générosité de son maître, Archias s'efforçait de rassurer l'orateur sur le sort qui l'attendait : « Je te suis, lui dit Démosthène ; mais laisse-moi écrire quelques ordres. » Alors, feignant de méditer ce qu'il allait tracer sur ses tablettes, il plaça l'extrémité du poinçon dans sa bouche ; puis, ayant aspiré le poison dont il l'avait rempli, il se couvrit la tête et attendit la mort. « Marchons, lui dit bientôt Archias. Je le veux bien, reprit l'orateur ; viens, comme Créon dans la tragédie, jeter au loin ce cadavre, et le priver des honneurs de la sépulture. Et toi, ajouta-t-il, en se tournant vers l'autel, Neptune, dieu protecteur ! je sors encore vivant de ton temple et ne l'aurai point profané ; mais je te prends à témoin qu'Antipater et les siens ont, par ma mort, souillé ton divin sanctuaire ! »

Il dit, tombe aux pieds de la statue, et ce ne fut plus un citoyen, mais un cadavre que les satellites purent livrer à Antipater [1].

---

[1] Démosthène eut aussi souvent à combattre le sage et vaillant Phocion, dont la condamnation et la mort rappellent encore l'in-

Après de tels noms, après de tels ouvrages, la Grèce offrira peu de chose à notre investigation ; cependant il serait injuste de passer sous silence un homme de génie par lequel ont juré les pédans de tous les siècles, et qui tantôt s'est vu attaqué avec trop de violence, tantôt traité avec un mépris peu mérité. Tout le monde a ri de ces vers :

> Quoi qu'en dise Aristote et sa docte cabale,
> Le tabac est divin ; il n'est rien qui l'égale.

Cependant, ce savant n'en doit pas moins être regardé comme le véritable historien de l'esprit humain. Esprit systématique, mais profond et éclairé, il réunit ensemble les diverses branches de la philosophie ; il en sépara l'histoire des sciences naturelles, qui, procédant par les faits, lui semble être la base des véritables connaissances de l'homme.

---

justice des Athéniens à l'égard de Socrate. Démosthène, un jour, en voyant arriver Phocion sur la place publique, dit : « voilà la hache de mes discours. » Phocion n'était pas un orateur, mais ses courtes répliques renversaient les plus beaux discours. Il s'étudiait principalement à être laconique. Sa vertu et son courage étaient également d'un grand poids. Les Athéniens le condamnèrent à mort, et lui élevèrent ensuite une statue. Il expira l'an 319 avant J. C., à l'âge de plus de 80 ans. Il semble que l'ingrate Athènes n'a vu naître les plus grands hommes que pour les immoler.

O triste pecus ! natio jactabunda ! (T.)

Sa physique, sa logique, souvent invoquées, sont encore des ouvrages estimés. Ce qui est plus du ressort de nos séances, c'est sa rhétorique, c'est sa poétique, qui ont servi de phare littéraire à tous les hommes qui, depuis l'antiquité jusqu'à nos jours, se sont occupés d'éloquence ou de poésie.

J'ai parlé ailleurs des unités du théâtre[1]; et, puisqu'il ne s'agit aujourd'hui que de l'art des discours, il n'est pas inutile de faire cette remarque, que ce qui en compose les diverses parties n'est point une vaine prétention des rhéteurs, mais le résultat de l'observation constante de l'action de la nature.

L'enfant demande-t-il une faveur à son père? il prépare, par une phrase adroite et caressante, l'esprit auquel il s'adresse, avant d'établir le fait qui n'arrive qu'en second lieu. L'homme lui-même sent qu'il faut disposer d'abord celui auquel il parle à écouter ce qui va lui être dit. Il nous arrive presque toujours de faire entendre que nous allons répondre avant de répondre réellement. Ainsi le discours commence par un exorde; le fait ou la narration vient ensuite, comme c'est naturel. On appuye ce qu'on a avancé par autant de preuves,

---

[1] Troisième soirée, page 51.

autant d'argumens que l'esprit peut en produire pour confirmer la chose ; c'est bien là en effet le plan de la confirmation, quand même aucun auteur n'en aurait parlé. Quant à la péroraison, qui n'est qu'un appel aux passions, aux sentimens de l'auditeur, n'est-il pas naturel aussi de la réserver pour la fin du discours, puisqu'en elle réside souvent l'émotion la plus vive, ou la raison la plus entraînante ?

Burrhus sort de l'appartement de Néron : il arrête Agrippine qui allait s'y introduire, et lui annonce que l'empereur ne peut la recevoir dans ce moment. La mère de Néron l'accable alors de reproches ; il doit répondre. Assurément Racine ne songeait guère aux règles d'Aristote lorsque, suivant l'inspiration de la nature, il place ces mots dans la bouche de Burrhus :

> Je ne m'étois chargé dans cette occasion
> Que d'excuser César d'une seule action :
> Mais puisque, sans vouloir que je le justifie,
> Vous me rendez garant du reste de sa vie,
> Je répondrai, madame, avec la liberté
> D'un soldat qui sait mal farder la vérité.

Voilà évidemment un exorde, puisque jusqu'ici Burrhus ne parle que pour dire qu'il va parler. Quel fait va-t-il apprendre à Agrippine ? que la conduite de Néron n'intéresse que Rome, et ne regarde plus sa mère; écoutons :

> Vous m'avez de César confié la jeunesse,
> Je l'avoue ; et je dois m'en souvenir sans cesse.
> Mais vous avois-je fait serment de le trahir,
> D'en faire un empereur qui ne sût qu'obéir ?
> Non. Ce n'est plus à vous qu'il faut que j'en réponde :
> Ce n'est plus votre fils, c'est le maître du monde.
> J'en dois compte, madame, à l'empire romain,
> Qui croit voir son salut ou sa perte en ma main.

Voilà ce qu'il avait à dire ; et voici la confirmation, contenant des faits et des argumens nombreux :

> Ah ! si dans l'ignorance il le falloit instruire,
> N'avoit-on que Sénèque et moi pour le séduire ?
> Pourquoi de sa conduite éloigner les flatteurs ?
> Falloit-il dans l'exil chercher des corrupteurs ?
> La cour de Claudius, en esclaves fertile,
> Pour deux que l'on cherchoit en eût présenté mille,
> Qui tous auroient brigué l'honneur de l'avilir :
> Dans une longue enfance ils l'auroient fait vieillir.
> De quoi vous plaignez-vous, madame ? On vous révère :
> Ainsi que par César, on jure par sa mère.
> L'empereur, il est vrai, ne vient plus chaque jour
> Mettre à vos pieds l'empire, et grossir votre cour ;
> Mais le doit-il, madame ? et sa reconnaissance
> Ne peut-elle éclater que dans sa dépendance ?
> Toujours humble, toujours le timide Néron
> N'ose-t-il être Auguste et César que de nom ?

Vous le dirai-je enfin? Rome le justifie.
Rome, à trois affranchis si long-temps asservie,
A peine respirant du joug qu'elle a porté,
Du règne de Néron compte sa liberté.
Que dis-je? la vertu semble même renaître.
Tout l'empire n'est plus la dépouille d'un maître :
Le peuple au champ de Mars nomme ses magistrats :
César nomme les chefs sur la foi des soldats :
Thraséas au sénat, Corbulon dans l'armée,
Sont encore innocents, malgré leur renommée :
Les déserts, autrefois peuplés de sénateurs,
Ne sont plus habités que par leurs délateurs.

Et voici enfin, pour servir de péroraison, un appel fait au sentiment maternel d'Agrippine, qui devrait être jalouse de la véritable gloire de Néron :

Qu'importe que César continue à nous croire,
Pourvu que nos conseils ne tendent qu'à sa gloire ;
Pourvu que dans le cours d'un règne florissant
Rome soit toujours libre, et César tout-puissant ?
Mais, madame, Néron suffit pour se conduire.
J'obéis, sans prétendre à l'honneur de l'instruire.
Sur ses aïeux, sans doute, il n'a qu'à se régler ;
Pour bien faire, Néron n'a qu'à se ressembler.
Heureux si ses vertus, l'une à l'autre enchaînées,
Ramènent tous les ans ses premières années !

Ce discours, on le voit, est conforme à ce qu'on est convenu d'appeler des règles. Avant que ces règles existassent, on faisait des discours qui ressemblaient à celui-ci. Les principes de rhétorique établis par Aristote en cette matière ne doivent donc être considérés que comme une imitation de la marche ordinaire de la nature.

Ici finit pour nous l'histoire littéraire de la Grèce, car les flatteurs de Philippe, d'Alexandre et d'Antipater ne furent ni de grands orateurs, ni de grands poètes. Démétrius de Phalère lui-même, dont la réputation s'est conservée, marque déjà pour l'art oratoire une époque moins brillante, et les trois cents statues élevées pour honorer son génie ont moins ébloui la postérité que la simple couronne de Démosthène.

Un homme d'esprit a dit :

« Qui me délivrera des Grecs et des Romains ? »

C'est aujourd'hui, Messieurs, que je vous délivre des Grecs.

Ce n'est pas dans le court intervalle de quelques séances que j'ai pu exprimer, comme je le sentais, mes opinions sur tous les hommes et tous les ouvrages remarquables de l'ancienne Grèce. Mille auteurs en ont parlé : cette tâche ne m'était donc pas nécessairement imposée ; mais j'ai voulu, en vous présentant sous un point de vue analogue au goût de notre siècle ce peuple si brillant et si justement vanté dans l'histoire, vous faire connaître sa physionomie morale depuis l'époque d'Homère jusqu'à celle de Sophocle et d'Euripide en littérature; depuis l'époque de Thalès jusqu'à celle de Platon en philosophie; depuis l'époque où Aspasie et Périclès créèrent l'éloquence politique, jusqu'à ces jours mémorables où Démosthène porta cette éloquence au plus haut degré de gloire qu'il lui ait jamais été donné d'atteindre. Ce qui suit vous intéresserait peu, car l'éloquence et la littérature, par une commune alliance, suivent l'esprit des hommes et leurs institutions dans leur déplorable décadence. Les anciens jours de la Grèce, son ancienne gloire, tout va s'éclipser avec la liberté; à Rome, avec la liberté, l'éloquence doit renaître. Nous allons donc, nous conformant à l'histoire, dire à la Grèce un long et pénible adieu.

Cependant, Messieurs, il est impossible de prononcer ce mot de Grèce sans qu'il réveille dans notre ame des émotions palpitantes de l'intérêt du moment. L'antique patrie des Platon et des Démosthène demande à renaître, et réclame de la vieille Europe cette civilisation que deux fois elle lui a donnée. Emus enfin de pitié, et bien différens de cet Attila qui ne voyait dans la force matérielle que le moyen d'opprimer la force morale; bien différens de ce Mahomet II, qui, de Byzance, faisait refouler vers l'Italie les lettres et les lumières, les souverains de nos jours ont entendu la voix des Hellènes, et leurs prières vont être exaucées. Quelques jours encore, et les enfans de la France traversant les mers, iront planter leurs étendards sur les vieilles ruines de l'Acropolis, et rendre aux Grecs modernes les bienfaits que tant de peuples ont reçus de leurs aïeux! Quelques jours encore, et le drapeau chrétien, protecteur de toutes les infortunes, sera déployé sur ces belles contrées! Puisse le ciel protéger ce triomphe de la civilisation contre la tyrannie! Puisse un vent favorable, s'élevant dans les mers de l'Archipel, faire flotter bientôt ce signe de la foi sur les murs d'Athènes et sur tous ses beaux rivages, éternellement arrachés à la barbarie!

SIXIÈME SOIRÉE.

ORATEURS ROMAINS.

Caton, Scipion, les Gracques, Hortensius, Cicéron.

Nous ne retrouverons à Rome ni le ciel riant, ni les colonies heureuses de la Grèce, ni le calme qui régnait dans l'Attique à son berceau, ni les antiques traditions des sciences philosophiques que l'Égypte laissait échapper de son sein.

Un sol étroit, conquis les armes à la main par une foule d'aventuriers, voilà Rome à son origine; la guerre, voilà ses mœurs; le butin, sa richesse; un partage égal, sa première loi. Mais cette Rome devait s'agrandir; cette guerre, lui donner la conquête du monde; l'amour du butin, se convertir avec les triomphes en amour de la gloire : et une législation solide et brillante, protectrice des droits de l'homme, allait illustrer Rome et se répandre dans tous les siècles et dans tous les pays de l'univers.

La douce habitude des méditations avait tourné les esprits des Grecs vers les idées philosophiques. A Rome, une nécessité puissante de se constituer, de vivre d'accord, de régler les partages, d'attaquer avec ensemble, de se défendre avec intelligence, fit établir les premières lois ; leur perfectionnement successif devait donner naissance à ce droit romain, code des nations civilisées, et base fondamentale de nos législations modernes. La première étude des Romains fut donc la jurisprudence, comme celle des Grecs avait été la philosophie[1].

L'esprit se pénètre des principes de la science; mais l'application seule développe le talent, et fournit au génie des occasions de se manifester. Prenons un type chez les deux peuples, et nous verrons comment a procédé l'intelligence humaine en matière d'éloquence. A Athènes, les principes philosophiques exaltent, dans l'école de Platon, l'esprit d'un jeune homme que les dangers de la patrie appellent bientôt à la tribune. Ce philosophe-orateur est Démosthène. A Rome, l'étude du droit et de la jurisprudence doit donner à la

---

[1] Rome fut fondée vers l'an 752 avant J. C., par Romulus. L'histoire de ce fondateur, s'il a jamais existé, est remplie de fables absurdes ; ce n'est pas ici le lieu de les rappeler et de les réfuter. (T.)

SIXIÈME SOIRÉE. 131

patrie son plus digne soutien, à la science son plus illustre maître. Ce jurisconsulte-orateur est Cicéron[1].

La différence de leur genre résulte de leur point de départ; leur ressemblance est fondée sur ce sentiment commun de justice et de patriotisme qui, dans deux grandes ames, doit produire les mêmes efforts, les mêmes succès, quelquefois hélas! les mêmes infortunes.

Rome ne comprit et ne désira d'abord que la gloire des armes. L'influence des Grecs y porta quelqu'amour des lettres. L'on sait combien cette heureuse innovation trouva de résistance chez

---

[1] Nous entendons communément dire, dans les écoles, que le nom de *Cicéron* fut donné à Marcus Tullius, parce qu'il avait une verrue sur le nez, de la forme d'un pois appelé *cicer*. Ce conte a été écrit par Plutarque, et répété par presque tous les auteurs qui ont écrit la vie de ce grand homme. Mais ce n'en est pas moins une fable que Cicéron détruit lui-même, puisqu'il dit que son père et son aïeul se nommaient comme lui Cicéron: or, il n'est pas à présumer que toute la génération eut une verrue sur le nez. Varon dit que ce nom de Cicéron se tire à *ciceribus serendis*, parce que quelqu'un de la famille semait des pois par prédilection. Cette étymologie n'est peut-être pas meilleure que l'autre. Cet orateur illustre naquit à Aspinum, petite ville du pays des Volsques, aujourd'hui terre de labour en Italie, l'an 105 avant J. C. L'histoire de sa vie est trop connue pour que nous en donnions ici une analyse. Il fut assassiné à l'âge de

Caton et plusieurs de ces hommes farouches; mais les lumières ne reculent point : Caton lui-même dut céder à l'impulsion qu'elles donnaient à toutes les intelligences, et sa gloire fut de se montrer lui-même le modèle des orateurs, dans ces temps mémorables et reculés [1].

Les discours de cette époque ne sauraient être mis en parallèle avec ceux qui suivirent; la langue était encore informe et incorrecte; aucune harmonie, aucune élégance de style ne pouvait captiver les esprits. L'éloquence véritable était encore inconnue; la poésie n'était pas même soupçonnée.

---

63 ans. Quand sa tête fut apportée à Rome, Fulvie, femme d'Antoine, aussi vindicative que son cruel époux, perça, en plusieurs endroits, avec un poinçon d'or, la langue de Cicéron. Il avait une taille haute et mince, le cou très-long, le visage mâle, les traits réguliers, l'air ouvert et serein; son tempérament était faible, mais fortifié par la frugalité. Il était propre dans sa parure, mais sans recherche et sans luxe. (Voyez les détails de sa mort, dans le texte de M. Durand et dans ma note, page 147.) (T.)

[1] Caton (Marcus Porcius), dit le *Censeur*, fut un des plus vertueux magistrats de Rome. Il était né à Tusculum, autrement dit à *Frascati*, d'une famille obscure, l'an 232 avant l'ère chrétienne. Il fut renommé par sa sévérité et par son caractère inflexible. Il employa tous ses efforts à bannir les vices de Rome. Il voulut en chasser tous les rhéteurs, et même jusqu'aux médecins, qu'il regardait comme inutiles. Il n'était pas galant, car il

Fils d'un agriculteur de Tusculum, Caton, jeune encore, avait cultivé le champ de ses pères, et semblait se vouer à l'agriculture. Quelques procès soutenus dans une petite ville voisine lui firent des amis et des cliens. Un patricien, Valérius Flaccus, en entendit parler et voulut le voir. Il lui conseilla d'aller à Rome, le soutint par sa protection, lui fournit ses premières causes au barreau, et les Romains eurent alors leur premier orateur. A la gloire de Caton, il faut ajouter celle de Scipion et celle des Gracques. Le premier, ami des lettres et de tous ceux qui les cultivaient, avait acquis à Rome une brillante réputation. Son in-

---

fit passer une loi par laquelle il fut défendu d'instituer une femme pour héritière. Il porta également la loi *Oppia* contre le luxe. Sa dureté lui suscita beaucoup d'ennemis; il fut accusé plus de quarante fois, et sortit victorieux de ces nombreuses accusations. A la guerre, il ne buvait que de l'eau, et quand il avait trop chaud, il y mettait un peu de vinaigre. Chez lui, il buvait le même vin qu'il donnait à ses esclaves. Il disait communément qu'il se repentait de trois choses : 1º d'avoir passé un jour sans rien apprendre; 2º d'avoir confié son secret à sa femme; 3º d'avoir voyagé par eau quand il pouvait aller par terre. Il mourut à l'âge de 85 ans, en opinant contre Carthage, l'an 148 avant J. C. Il était couvert de blessures reçues à la guerre, et prit plus de quatre cents places en Espagne. Il ne terminait jamais un discours sans ajouter qu'il concluait pour la destruction de Carthage : *deleatur Carthago.* (T.)

fluence sur le peuple était forte et puissante. Accusé de concussion, on sait que pour entraîner tous les esprits il n'eut qu'à prononcer ces paroles mémorables : « A pareil jour j'ai vaincu Carthage; allons au Capitole en rendre grâce aux immortels[1]. » Les fils de Cornélie furent intéressans par leur amitié, par leurs talens, par leur fin tragique. Tibérius, orateur populaire, eut assez d'empire pour faire trembler le sénat en réclamant la loi agraire. Sa mort seule arrêta dans leur cours ses plaintes qui troublaient le repos de l'aristocratie; mais son frère ne s'en montra pas moins épris des mêmes principes, et se constitua après lui le dé-

---

[1] Scipion (Publius Cornélius) fut surnommé l'*Africain*, pour avoir vaincu Annibal à Zama, où vingt mille Carthaginois restèrent sur le champ de bataille. Cette victoire produisit la paix la plus avantageuse pour Rome, et Scipion fut honoré du triomphe. Il fut accusé de péculat : après avoir vaincu Antiochus, on lui reprocha d'avoir reçu de grandes sommes de ce prince pour lui accorder une paix avantageuse. C'est alors que, pour réponse à cette accusation, il prononça ces seules paroles: *Tribuns du peuple, et vous Citoyens romains, c'est à pareil jour que j'ai vaincu Annibal; montons au Capitole, et rendons grâce aux immortels*. Rome lui offrit le consulat et la dictature perpétuels; il refusa. Les Espagnols, qu'il avait vaincus à l'âge de 24 ans, le proclamèrent roi, d'un consentement unanime; mais il répondit « que le titre de roi, partout illustre, était odieux à un général romain. » Et il n'accepta point la royauté que sa grandeur d'ame,

fenseur des mêmes intérêts. « Où me retirerai-je? s'écriait-il; quel asile choisirai-je? Le Capitole? je n'y vois qu'un temple rougi du sang de mon frère! Ma maison? je n'y trouve qu'une mère en proie aux larmes et au désespoir! » De tels discours ne pouvaient qu'exaspérer encore le peuple contre les nobles. Un arrêt de mort fut la récompense de Caïus [1].

On peut placer à cette époque, sinon le triomphe de l'éloquence, au moins le sentiment qui inspirait les véritables principes de cette science oratoire dont les progrès allaient devenir si rapides. *La flûte des Gracques* a été célèbre. En se

---

sa douceur et sa magnanimité lui avaient acquise. Après tant de gloire, il se retira de Rome pour cultiver les champs de ses pères. Il mourut à Literne, l'an 180 avant J. C.   (T.)

[1] Tibérius Sempronius Gracchus, et son frère Caïus Sempronius Gracchus, tous deux fils de Cornélie, fille de Scipion l'Africain, furent célèbres par leur amour pour le peuple romain. Tibérius, touché des maux du peuple, demanda que la loi *Popilia* fût remise en vigueur; c'est ce que l'on nomme la loi agraire. Elle portait qu'aucun citoyen romain ne pouvait posséder plus de 500 arpens de terre. Cette proposition irrita contre lui le sénat et les patriciens. Il fut adoré du peuple, mais haï des grands; ceux-ci jurèrent sa perte et n'y réussirent que trop. Ils l'accusèrent d'aspirer au trône; et un jour que Tibérius devait proposer encore quelques lois favorables au peuple, quelques sénateurs, et entr'autres Nasica, son parent, excitèrent du bruit

faisant donner le ton par un instrument, l'orateur n'ajoutait pas beaucoup à son discours; mais il témoignait par son action même combien l'harmonie du style lui semblait nécessaire pour plaire à la multitude et pour faciliter les émotions, dont l'orateur doit rechercher le principe et le secret.

Les sectes philosophiques s'étaient introduites à Rome. Les perfectionnemens de tout genre augmentaient la masse des lumières générales, et la jurisprudence dominait cet édifice de la nouvelle civilisation, lorsqu'enfin s'ouvrit le dernier siècle de la république, siècle mémorable par tant d'illus-

---

dans la place publique où il était assis en sa qualité de tribun. Au milieu du désordre, il est instruit qu'on en veut à ses jours; il se lève, montre sa tête pour faire voir qu'elle est menacée; ses ennemis crient qu'il demande la couronne; il ne peut parvenir à se faire entendre, tant le tumulte était considérable; il veut fuir et tombe. Nasica s'avance et frappe Tibérius avec une chaise qui se trouvait là; aussitôt il est achevé à coups de bâton. Il n'avait que 30 ans. Il mourut l'an 133 avant J. C. Il fut victime d'un zèle trop ardent pour l'égalité. Son corps fut jeté dans le Tibre.

Caïus, son frère, lui avait été associé pour la distribution des terres, et partageait, par conséquent, la haine des grands. Après la mort de Tibérius, son aîné de neuf ans, les lois que celui-ci avait proposées furent rapportées; Caïus, ayant été nommé tribun, les remit en vigueur. Le consul Opimius voulut les faire casser; alors, pour soutenir ces lois, Caïus se rendit au capitole

tres renommées, que l'on peut à peine compter les noms célèbres qui acquirent à la tribune et au barreau une influence, un pouvoir dont la Grèce même n'offre pas d'exemple. Hortensius [1], Scævola, Sulpicius, Cotta, et surtout Crassus et Antoine, brillaient presque en même temps. Mais Cicéron surpassa tous les autres, et étendit son éloquence, dit Sénèque, jusqu'aux limites même de l'empire Romain.

Quoique livré aux études sérieuses du barreau dans un âge assez tendre, Cicéron vit son début retardé par les troubles politiques. Cependant, à l'époque où Rome tremblait devant Sylla, Roscius

---

avec ses amis ; là un combat s'engagea, où il fut vaincu. Obligé de sortir de Rome, il se retira dans un bois ; se voyant sans ressource, il se fit tuer par un esclave, et son corps fut aussi précipité dans le Tibre. Non moins éloquent que son frère, il était plus emporté. (T.)

Les Gracques ont été long-temps calomniés par les historiens, flatteurs des grands, et par ce motif ennemis des défenseurs du peuple ; mais le jour de la vérité est enfin venu, et les fils de Cornélie ont reçu les hommages de la postérité. Le peuple romain regretta vivement ces deux hommes célèbres, et, après leur mort, leur érigea des statues ; vaine réparation faite à leur mémoire : il les avait laissé mourir. (T.)

[1] Quintus Hortensius fut le rival, mais l'ami de Cicéron. On l'appelait le *roi du barreau*, avant que ce dernier y parût : il plaida sa première cause à 19 ans. Il quitta le barreau, et devint

d'Amerie ayant été accusé d'avoir été le meurtrier de son père, mort assassiné, Cicéron se constitua son défenseur contre des délateurs avides; son début fut brillant et fut loin pourtant de satisfaire son ambition. Il sentit que l'homme qui veut être supérieur ne doit pas seulement connaître les lois, mais remonter aux principes, aux savantes théories par lesquelles les lois se composent. La philosophie seule pouvait l'éclairer à ce sujet, et ce fut dans les murs d'Athènes qu'il alla chercher les traces et les traditions de l'Académie, du Portique et du Lycée. Quelques années suffirent pour développer dans son ame ces hautes pensées philosophiques qui devaient lui assurer parmi les sages une place aussi distinguée que celle qu'il

---

lieutenant de Sylla dans la guerre contre Mithridate. Sa déclamation était affectée. Il fut créé tribun militaire, préteur et enfin consul. Il défendit Cicéron, quand celui-ci fut attaqué par Clodius. Il mourut l'an 704 de la fondation de Rome, c'est-à-dire 50 ans avant J. C. Il avait amassé de grands biens. On dit qu'à sa mort on trouva 10,000 muids de vin dans ses caves. Les plaidoyers de cet illustre orateur ne sont pas parvenus jusqu'à nous; d'après Quintilien, ils ne soutenaient pas le nom d'Hortensius. Hortensia, sa fille, s'est illustrée en plaidant, devant les triumvirs Antoine, Octave et Lépide, la cause de quatre cents dames romaines dont on voulait taxer les biens pour les frais de la guerre. Elle gagna son procès. (T.)

occupait auprès des orateurs; mais, en étudiant la sagesse, il n'avait pas cessé de cultiver ce talent de la parole par lequel cette sagesse peut dignement se communiquer aux hommes. Après avoir parcouru les plus célèbres écoles de la Grèce, il se rendit à Rhodes, dans celle d'Apollonius; là, comme plusieurs élèves qui avaient récité des discours l'avaient engagé à prendre part à leurs exercices oratoires, il se livra à l'improvisation, accompagnant ses paroles de tout le charme d'une élocution ravissante. Ses condisciples furent étonnés, et témoignèrent leur approbation par de bruyans applaudissemens; Apollonius seul gardait un morne silence : Cicéron craignant de n'être pas approuvé par le maître, le pressa de s'expliquer franchement. « O mon fils! lui dit alors le vieillard, je vous admire, mais je plains la Grèce : la gloire des lettres était la seule qu'elle eût conservée; par vous cette gloire va lui être désormais ravie. »

De retour à Rome, Cicéron y publia plusieurs traductions de harangues grecques, pour offrir de dignes modèles à l'éloquence romaine. On connaît sa questure en Sicile, son désintéressement, les services qu'il rendit à Rome, et le zèle avec lequel il vengea ses cliens siciliens des déprédations de Verrès. Quelle énergie dans cette accusation !

quelle peinture éloquente des excès de l'infâme préteur !

« Les Messinois l'informent qu'un citoyen romain se plaint d'avoir été plongé dans les cachots de Syracuse ; qu'au moment où il mettait le pied dans le vaisseau, en proférant des menaces contre Verrès, il avait été arrêté ; qu'on le gardait afin que le préteur décidât de son sort. Il les remercie de leur zèle et de leur fidélité, et, transporté de fureur, arrive à la place publique. Ses yeux étincelaient ; tous ses traits exprimaient la rage et la cruauté. Tout le monde était dans l'attente de ce qu'il allait faire, quand tout à coup il ordonne qu'on saisisse Gavius, qu'on le dépouille, qu'on l'attache au poteau, et que les licteurs préparent les instrumens du supplice. L'infortuné s'écrie qu'il est citoyen romain, qu'il a servi avec Prétius, chevalier romain, en ce moment à Palerme, et qui peut rendre témoignage de la vérité. Verrès répond qu'il est bien informé que Gavius est un espion envoyé en Sicile par les esclaves fugitifs, restes de l'armée de Spartacus ; imputation absurde, dont il n'existait pas le moindre soupçon, le moindre indice. Il ordonne aux licteurs de l'entourer et de le frapper. Dans la place publique de Messine on battait de verges un citoyen romain, tandis qu'au milieu des douleurs, au milieu des coups dont on l'accablait, il ne faisait entendre d'autre cri, d'autre gémissement que ce seul mot : Je suis citoyen romain ! Il pensait que ce seul mot devait écarter de lui les tortures et les bourreaux ; mais, bien loin de l'obtenir, loin d'arrêter la main des licteurs, pendant qu'il répétait en vain le nom de Rome, une croix, une croix infâme, l'instrument de la mort des esclaves, était dressée pour ce malheureux, qui jamais n'avait cru qu'il existât au monde une puissance dont il pût craindre ce traitement. O doux nom de liberté! ô droits augustes de nos ancêtres! loi Porcia, loi Sempronia! puissance tribunitienne si amèrement regrettée, et qui viens enfin de nous être rendue! est-ce là votre pouvoir ? avez-vous donc été établie pour que, dans une province de l'empire, dans le sein d'une ville alliée, un citoyen romain fût livré aux verges des licteurs par le magistrat même qui ne tient que du peuple romain ses licteurs et ses faisceaux ? »

« .... Cette croix que les Messinois, suivant leur usage, avaient fait dresser dans la voie Pompéia, pourquoi l'as-tu fait arracher? pourquoi l'as-tu fait transporter à l'endroit qui regarde le détroit, qui sépare la Sicile de l'Italie? Pourquoi? c'était, tu l'as dit toi-même, tu ne peux le nier, tu l'as dit publiquement, c'était afin que Gavius, qui se vantait d'être citoyen romain, pût, du haut de son gibet, regarder en expirant sa patrie. Cette croix est la seule, depuis la fondation de Messine, qui ait été placée sur le détroit. Tu as choisi ce lieu, afin que cet infortuné, mourant dans les tourmens, vît, pour comble d'amertume, quel espace étroit séparait le séjour où la liberté règne et celui où il mourait en esclave, afin que l'Italie vît un de ses enfans, attaché au gibet, périr dans le supplice honteux réservé pour la servitude.

« Enchaîner un citoyen romain est un attentat; le battre de verges est un crime; le faire mourir est presque un parricide : que sera-ce de l'attacher à une croix? L'expression manque pour cette atrocité, et pourtant ce n'a pas été assez pour Verrès. Qu'il meure, dit-il, en regardant l'Italie; qu'il meure à la vue de la liberté et des lois. Non, Verrès, ce n'est pas seulement Gavius, ce n'est pas un seul homme, un seul citoyen, que tu as attaché à cette croix, c'est la liberté elle-même, c'est le droit commun de tous, c'est le peuple romain tout entier. Croyez tous, croyez que s'il ne l'a pas dressée au milieu du forum, dans l'assemblée des comices, dans la tribune aux harangues; s'il n'en a pas menacé tous les citoyens romains, c'est qu'il ne le pouvait pas. Mais au moins il a fait tout ce qu'il pouvait; il a choisi le lieu le plus fréquenté de la province, le plus voisin de l'Italie, le plus exposé à la vue ; il a voulu que tous ceux qui naviguent sur ces mers vissent, à l'entrée même de la Sicile, et comme aux portes de l'Italie, le monument de son audace et de son crime. »

Qui pourrait oublier cette péroraison noble et touchante dans laquelle Cicéron regrette d'avoir été accusateur, lui qui voudrait toujours ne prendre la parole que pour défendre les opprimés ?

« Et vous, déesses vénérables qui présidez aux fontaines d'Enna, aux bois sacrés de la Sicile dont la défense m'a été confiée ; vous à qui Verrès a déclaré une guerre impie et sacrilège ; vous dont les temples et les autels ont été dépouillés par ses brigandages, je vous atteste et vous implore. Si, dans cette cause, je n'ai eu en vue que le salut de nos provinces et la dignité du peuple romain ; si j'ai rapporté à ce seul devoir tous mes soins, toutes mes pensées, toutes mes veilles, faites que mes juges, en prononçant leur sentence, aient dans le cœur les sentimens qui ont toujours été dans le mien; que Verrès, convaincu de tous les crimes que peuvent commettre la perfidie, l'avarice et la cruauté réunies; que Verrès, condamné par les lois comme il l'est par sa conscience, trouve une fin digne de ses forfaits ; que la république, contente de mon zèle dans cette accusation, n'ait pas à m'imposer une seconde fois le même devoir, et qu'il me soit permis désormais de m'occuper plutôt à défendre les bons citoyens qu'à poursuivre les méchans ! »

Quoi qu'ait pu dire Salluste pour exalter, aux dépens de Cicéron, ce Catilina dont on l'a accusé d'être complice, et quoi qu'aient pu dire, d'autre part, beaucoup d'auteurs anciens et modernes qui ont cru servir la mémoire de Cicéron en réduisant Catilina au rôle d'un obscur brigand, il est certain que ce sénateur, dont les mœurs étaient reprochables, offrait pourtant, par sa naissance, par son génie, par sa valeur, par son éloquence même, des titres à l'admiration du peuple; et l'on conçoit qu'il ait pu balancer, dans tous les esprits de cette époque, le crédit et l'influence du Consul. Le récit de cette conspiration si connue est dans toutes les mémoires, et il serait superflu d'en répéter les détails. On sait que, toujours ami des lois, Cicéron, comme homme d'état, osa, dans cette circonstance, prendre sur lui jusqu'à la violation même de ces lois, et qu'il fit mettre à mort plusieurs personnages consulaires. Jurez, lui disait-on plus tard, jurez que vous n'avez jamais violé les lois; et il répondit : Je jure que j'ai sauvé la patrie ! Qui n'a retenu cet exorde brillant, improvisé, par lequel il foudroie Catilina qui s'était rendu dans le lieu même où le sénat, extraordinairement convoqué, allait recevoir de la bouche de Cicéron tous les détails de la conspiration?

« Jusques à quand, Catilina, abuseras-tu de notre patience? Combien de temps encore ta fureur osera-t-elle nous insulter? Quel est le terme où s'arrêtera cette audace effrénée? Quoi donc! ni la garde qui veille la nuit au mont Palatin, ni celles qui sont dispersées par toute la ville, ni tout le peuple en alarmes, ni le concours de tous les bons citoyens, ni le choix de ce lieu fortifié où j'ai convoqué le sénat, ni même l'indignation que tu lis sur le visage de tout ce qui t'environne ici, tout ce que tu vois enfin ne t'a pas averti que tes complots sont découverts, qu'ils sont exposés au grand jour, qu'ils sont enchaînés de toutes parts? Penses-tu que quelqu'un de nous ignore ce que tu as fait la nuit dernière et celle qui l'a précédée, dans quelle maison tu as rassemblé tes conjurés, quelles résolutions tu as prises? O temps! ô mœurs! Le sénat en est instruit, le consul le voit, et Catilina vit encore! il vit! que dis-je? il vient dans le sénat, il s'assied dans le conseil de la république! il marque de l'œil ceux d'entre nous qu'il a désignés pour ses victimes!...... »

Que dans l'Orateur, Cicéron nous trace les règles de l'éloquence; que dans les Académiques il nous parle de philosophie; que dans le Traité des devoirs il forme la jeunesse à la vertu; que son Traité de la vieillesse console nos pères; que son livre sur l'Amitié découvre une source de bonheur pour tous les âges, c'est toujours le sage qui inspire le brillant écrivain. Avec Platon on le voit pénétré de ces vérités sublimes qui élèvent l'homme à la contemplation des lois mystérieuses de l'univers; avec Archias, qui fut son maître, il répand dans tous les esprits l'amour des lettres et de l'étude, qui nourrit l'ame et rend les hommes meilleurs.

Quelle fut la fin de cet homme illustre? Comme philosophe, il avait rappelé Socrate; comme orateur, il avait rappelé Démosthène; il devait, par une fatalité déplorable, mourir comme eux, et recevoir du peuple de Rome la même récompense que le peuple d'Athènes avait réservée au sage et au citoyen. Protecteur du jeune Octave, qu'il avait aidé de ses conseils, quoi que Brutus eût pu lui dire, il fut indignement sacrifié au féroce Antoine, dont ses attaques avaient excité les ressentimens. Ce fut dans une maison solitaire, au bord de la mer, près de la ville de Gaëte, qu'il choisit son dernier asile. Quoique sans cesse menacé, il n'eut pas le courage de se dérober au danger par un exil dont il avait quelque temps auparavant connu la douleur et l'amertume. Au lieu où était située sa retraite, le passant peut distinguer encore et le sentier qui conduisait de sa maison vers la mer, et la place même où, selon la tradition, sa litière fut arrêtée par cet infâme Popilius à qui, dans d'autres temps, son éloquence avait sauvé la vie, et qui, la hache à la main, venait exécuter les ordres sanglans du triumvirat[1]. En vain ses esclaves voulurent se mettre en défense : il les arrêta pour les sauver eux-mêmes, et tendit la tête au coup fatal. Cette tête si noble et si belle, cette main protectrice de l'homme, coupées en même temps, ne reposent point avec le corps de l'orateur dans ce tombeau dont les débris solitaires frappent encore la vue du voyageur. Clouées à cette tribune d'où il avait souvent dominé la multitude, elles rappelèrent, pendant sept ans entiers, et les crimes du premier empereur de Rome, et le martyre de ce défenseur de la liberté publique, qui devait en effet quitter la terre au moment où Brutus succombait sous les coups de Philippe ; au moment où Caton, méditant sur Platon, et ouvrant ses entrailles avec son épée, donnait à son ame immortelle son essor vers l'éternité[2].

---

[1] Octave, Antoine et Lépide.

[2] Cicéron était à sa campagne de Tusculum, avec son frère Quintus, lorsqu'ils apprirent qu'ils étaient proscrits par César

Il serait difficile, dans le court espace que j'ai tracé autour de moi, de parler longuement et des principes, et des ouvrages, et des hommes qui ont illustré les nations. Après avoir rapidement raconté ce que furent Caton, Scipion, les Gracques, Antoine et Crassus, qui ne sent combien il serait impossible d'approfondir les principes, d'analyser les ouvrages, de sonder les actions publiques et privées de l'orateur citoyen dont je parle en ce moment ? Votre pensée comblera ce

---

(Auguste). Ils résolurent d'aller gagner Astyre, qui était une autre maison de campagne de Cicéron, sur la côte, près de la mer; là, ils devaient s'embarquer pour aller rejoindre Brutus, qui était dans la Macédoine. Quintus s'étant arrêté pour prendre quelques provisions de voyage, fut livré par ses domestiques, et massacré avec son fils. Cicéron arriva à Astyre : il y trouve un vaisseau où il se jette, et, profitant du vent, il fait voile jusqu'à Circei. Là, il craignit la mer; et espérant encore fléchir César, il descendit à terre et marcha vers Rome; détourné de ce projet par ses domestiques, il prit le chemin de Gaëte, où il avait une maison fort agréable, s'embarqua de nouveau et y arriva le soir. Il y passa la nuit. Pendant son sommeil, un corbeau s'introduisit dans sa chambre, et retira avec son bec le pan de sa robe qui lui cachait le visage. Ses domestiques apprirent qu'ils étaient poursuivis; ils prennent Cicéron, moitié par prières et moitié par force, le mettent dans sa litière, et le portent du côté de la mer pour le sauver. A peine sont-ils partis, que les meurtriers arrivent, commandés par Herennius, centurion, et Popilius,

SIXIÈME SOIRÉE. 149

vide ; et vous vous souviendrez que je n'ai voulu que prendre un point de vue historique pour vous démontrer la nécessité de recourir aux livres et de vous instruire par vous-mêmes de la vérité.

C'est surtout en s'attachant au caractère des grands hommes qu'il faut, d'une part, se défendre de l'influence de la calomnie qui les attaque, et d'une exaltation qui, en s'égarant et en croyant signaler de grandes vertus, altère la nature même, et nous décourage par des exagérations insensées. On a

---

capitaine, que Cicéron avait sauvé d'une accusation de parricide ; ils étaient accompagnés de quelques soldats. Ils enfoncèrent les portes, mais ils ne trouvèrent personne. Un jeune homme nommé Philogonus, élève de Cicéron, indiqua le chemin qu'avait pris son maître. Les assassins ne tardèrent pas à rejoindre la litière. Cicéron entendant du bruit, fit arrêter, mit la tête hors de la litière, et reçut le coup fatal. Il était âgé de 64 ans. Le jour que la tête et la main de Cicéron furent apportées à Rome, Antoine tenait les comices pour l'élection des magistrats. Quand il vit arriver le tribun, il s'écria : « Voilà présentement les proscriptions finies. » Au milieu de tant d'actes de cruauté, Antoine livra Philogonus à la famille de Cicéron ; et Pomponia, femme de Quintus et belle-sœur de Cicéron, qui pleurait son mari, son fils et son beau-frère, fit souffrir au traître les plus affreux supplices ; elle le força à se couper lui-même toutes ses chairs peu à peu, à les faire rôtir et à les manger. César reconnut plus tard sa faute envers Cicéron, fit abattre les statues d'Antoine, et prit pour collègue le fils même de Cicéron. (T.)

vu, dans les temps modernes, les esprits portés vers les idées libérales et républicaines se représenter les Romains d'une manière telle que leur caractère civique, non seulement serait opposé à tous les sentimens naturels, mais irait même jusqu'à étouffer dans leur ame tous ces sentimens d'amour, de pitié, de famille, qui n'en existaient pas moins dans les cœurs patriotiques de l'antiquité.

Brutus, le premier des Brutus, vient de condamner à la mort ses deux enfans qui ont trahi la patrie ; l'effort surnaturel par lequel le père a dû céder au citoyen ayant produit son funeste effet, et la sentence une fois prononcée, que doit faire Brutus ? rentrer dans sa maison, se livrer à la douleur et répandre des larmes sur cet immense sacrifice fait à la patrie ; c'est ce que dicte le cœur, ce que veut la raison, et assurément ce qui eut lieu dans l'histoire. Que dire d'un artiste, d'ailleurs estimable sous le rapport du talent, qui, dans une composition relative à cette grande scène, a voulu que Brutus lui-même assistât au dernier moment de ses fils, vît tomber leurs têtes, se rassasiât, pour ainsi dire, de leur sang ; comme si sa présence, dans ces horribles instans, ajoutait en rien à l'énergie de son patriotisme ?

Je ne connais par M. Le Thiers : son tableau est un ouvrage remarquable ; peinture, dessin, art des groupes, effets dramatiques, tout s'y trouve, tout, hors la vérité. J'en appelle à vous-mêmes, à vos consciences, à vos émotions : est-il possible, est-il vrai que l'homme qu'une nécessité fatale contraint d'ordonner la mort de son fils, veuille se réjouir du spectacle de ses derniers momens, comme un bourreau qui voudrait insulter sa victime ? Qu'il a été mieux inspiré, ce poète peintre de l'ancienne Rome, qui, dans la tragédie de Brutus, après l'arrêt rigoureux que le devoir vient de lui dicter, redevient père, et relève Titus pour le presser dans ses bras :

> Lève-toi, triste objet d'horreur et de tendresse;
> Lève-toi, cher appui qu'espérait ma vieillesse;
> Viens embrasser ton père : il t'a dû condamner;
> Mais, s'il n'était Brutus, il t'allait pardonner.

Voilà le citoyen qui ne cesse pas d'être père. Il voudrait pardonner; mais il est Brutus, et sur lui, et sur l'autorité de son nom reposent les destinées de tout un peuple :

> Mes pleurs, en te parlant, inondent ton visage :
> Va, porte à ton supplice un plus mâle courage;
> Va, ne t'attendris point, sois plus romain que moi,
> Et que Rome t'admire en se vengeant de toi.

TITUS.

Adieu : je vais périr digne encor de mon père.

Le sénat, qui se met à la place de Brutus, et qui sait tout ce qu'il doit souffrir, veut lui porter des consolations; c'est alors seulement que, trop disposé à faillir, l'homme redevient citoyen, et retrouve sa première fermeté.

PROCULUS.

Seigneur, tout le sénat, dans sa douleur sincère,
En frémissant du coup qui doit vous accabler...

BRUTUS.

Vous connaissez Brutus et l'osez consoler !
Songez qu'on nous prépare une attaque nouvelle :
Rome seule a mes soins; mon cœur ne connaît qu'elle.
Allons, que les Romains, dans ces momens affreux,
Me tiennent lieu du fils que j'ai perdu pour eux;
Que je finisse au moins ma déplorable vie
Comme il eût dû mourir, en vengeant la patrie.

Un sénateur s'avance alors : il vient d'assister au supplice de Titus; racontera-t-il au père, comme c'est l'usage au théâtre, les détails de cette scène déplorable ? Non. Brutus l'interrompt dès les premiers mots. Achever ce tableau sanglant, ce serait déchirer son ame d'une manière trop douloureuse; l'idée du salut de Rome peut à peine le consoler :

LE SÉNATEUR.

Seigneur...

BRUTUS.

Mon fils n'est plus ?

LE SÉNATEUR.

C'en est fait... et mes yeux...

BRUTUS.

Rome est libre : il suffit... Rendons grâces aux dieux.

Voilà l'homme de la nature aux prises avec l'homme de la patrie. L'intérêt de son pays l'emporte, il est vrai; mais, jusqu'à la fin, les entrailles paternelles ont frémi sous cette poitrine de citoyen. [1]

---

[1] L'amitié qui me lie à M. Durand ne doit pas me faire admettre sans observation son opinion sur le tableau de M. Le Thiers. Ma devise est et sera toujours : vérité, sincérité et liberté. Mon savant ami, je le sais, professe lui-même ces principes ; nous devons donc être, entre nous, les premiers à les mettre en pratique. Admirateur zélé du beau talent de notre professeur, je ne puis à ce sujet partager ses idées. Il fait un reproche au peintre d'avoir représenté Brutus présent au supplice de ses enfans : il me semble que M. Le Thiers s'est en cela conformé parfaitement à l'histoire. En effet, Tite-Live dit formellement que Brutus assistait au supplice de ses fils : *Consules in sedem processere suam, missique lictores ad sumendum supplicium, nudatos virgis cædunt, securique feriunt; cùm inter omne tempus pater, vultusque et os ejus spectaculo esset; eminente animo patrio inter publicæ pœnæ ministerium.* (Lib. II, cap. 5.) Florus répète le même fait, et Plutarque le dit encore en ces termes : « Après l'accusation (de conspiration en faveur des Tarquins), Brutus appelant ses enfans par leurs propres noms, leur dit : « vous Titus, « et vous Valérius, pourquoi ne répondez-vous pas à cette accusa- « tion ? » Par trois fois il les somma d'y répondre, et voyant qu'ils continuaient à garder le silence, il se tourne vers les licteurs, et leur dit : « C'est à vous maintenant, faites votre devoir. »

« Cet arrêt prononcé, les licteurs se saisissent de ces deux jeunes gens, leur arrachent leurs habits, leur lient les mains

Ces réflexions ne sont point une digression, car elles nous apprennent que les hommes de l'ancienne Rome ont été jugés par les historiens et les artistes avec une exagération de laquelle il faudrait enfin revenir; ce n'est pas en nous mon-

---

derrière le dos, leur déchirent le corps à coups de verges, et font ruisseler le sang de tous côtés! Personne n'avait la force de soutenir un spectacle aussi cruel : le père seul n'en détourna pas un instant la vue ; la compassion n'adoucit pas un seul moment la colère et la sévérité qui étaient peintes sur son visage ; il regarda d'un œil ferme et farouche le supplice de ses enfans, jusqu'à ce que les licteurs, après les avoir étendus par terre, leur eurent séparé la tête du corps. Alors il laissa à son collègue la punition des autres, et se retira. » Ainsi l'opinion de M. Durand nous semble en opposition avec les trois écrivains que nous venons de citer. Certes, l'action de Brutus est féroce : elle n'est pas dans la nature; elle est d'un bourreau plutôt que d'un père; mais le fait paraît malheureusement vrai. Le tableau de M. Le Thiers est donc conforme à l'histoire. Ce peintre a retracé une action horrible, barbare, surnaturelle, mais qui ne me paraît que trop réelle. (T.)

Cette note ayant été communiquée à M. Durand, il a donné, à sa séance suivante, l'explication que voici :

« En parlant de la présence de Brutus à l'exécution à mort de ses enfans, j'ai osé dire avec cette liberté que la bienveillance de mon auditoire a souvent autorisée, que je ne pouvais croire que Brutus eût montré tant de férocité.

« Que le consul, ai-je dit, l'emporte sur le père, rien n'est plus simple : la patrie avant tout, et la condamnation à mort ne peut m'étonner si elle a été nécessaire; mais que Brutus ait

trant l'impossible qu'on nous apprendra à imiter ce que nous devons admirer. Plus savant et plus habile, Cicéron, lorsqu'il présente des modèles à notre émulation, nous cite des faits sublimes, il est vrai, mais en harmonie avec la nature et

---

voulu voir couler son propre sang, qu'il ait fait déchirer, écorcher pour ainsi dire à coups de verges ses deux fils presque enfans, *(jam adolescentes*, dit Tite-Live, *à peine adolescens)* ; qu'il ait voulu être le témoin de leurs souffrances comme pour leur laisser encore l'espérance jusqu'à la décapitation, je ne le pense pas. Ma raison, mon cœur, mes entrailles se refusent à croire à ce raffinement de cruauté. Si on me le prouve, que ferai-je? j'étais plein d'admiration pour le républicain sublime, je ne verrai plus en lui qu'un homme barbare et sanguinaire. Mais, dit-on, plusieurs auteurs donnent ces détails. — Ils les ont pris comme vous dans Tite-Live. — Quoi! cet historien ne mérite-t-il pas d'être cru? — Quelquefois. Mais si Romulus disparaît dans un nuage, si un augure coupe un caillou avec un rasoir, si Horatius Coclès arrête *seul* une armée sur un pont, faut-il croire à tout cela parce qu'on le lit dans Tite-Live? Croit-on aux revenans parce qu'il y en a dans Plutarque? Croit-on que le Gange coule du midi vers le nord, parce qu'on le lit dans Quinte-Curce? Tite-Live n'a mis que des traditions dans ses deux premiers livres, et je ne renoncerai jamais à ma libre opinion sur les hommes et sur les choses, à une époque aussi incertaine.

« Je connais le talent de M. Le Thiers; je sais tout ce qu'on doit de respect à un artiste estimable; il a cru donner une leçon de patriotisme, il en a donné une de férocité. Puisque nous parlons de peintres, opposons à M. Le Thiers un rival digne de lui. Je

avec les principes de la philosophie qu'il veut établir. A-t-il à nous offrir le spectacle du devoir luttant contre l'intérêt, c'est Horatius Coclès qu'il nous présente, arrêtant une troupe sur un pont, et ordonnant que ce pont soit coupé par

---

vais citer David, aussi Romain dans son tableau de Brutus, mais Romain sans cesser d'être homme. L'idée de ce tableau est tellement sublime, que j'y vois le *qu'il mourût* de la peinture.

« Brutus a condamné ses fils ; ils sont exécutés, et l'on porte leur cadavre au malheureux père. Triste et morne, *dans sa maison*, il est en butte aux pleurs, aux imprécations de sa famille désolée ; où se réfugiera-t-il contre l'explosion de ces plaintes déchirantes ? où fuira-t-il ses propres douleurs ? où sera son abri protecteur ? *à l'ombre de la Statue de Rome !*.... Cette image de la patrie le rassure et le console ; et il est probable que Brutus en avait besoin.

« Reprochez donc à David de n'avoir pas suivi Tite-Live ; moi, je le féliciterai d'avoir suivi la nature, et je croirai son tableau véridique parce qu'il est probable, et que le contraire ne m'est point démontré.

« Au reste, je crois avoir dit, et je répète que le patriotisme qui triompherait des sentimens de la nature sans un long combat, sans une lutte violente, serait le patriotisme d'un bourreau. L'intérêt public avant tout, je le veux bien ; mais que ce ne soit pas sans de vifs regrets quand il faut faire à la patrie de si énormes sacrifices. J'admire le courage de Brutus ; mais, pour l'admirer, il faut qu'il me soit prouvé que de grands, que de sublimes efforts ont pu seuls produire un tel courage, et que jusqu'au moment douloureux et fatal les entrailles du père n'ont cessé de gémir quand un calme sévère régnait sur le visage du consul. »

derrière¹ ; c'est Régulus comparant sa faiblesse et le peu de ressource qu'il présente, à son âge, avec l'utilité réelle dont peuvent encore être à la patrie les jeunes guerriers dont il vient demander l'échange. Ces faits sont extraordinaires; ils ré-

---

¹ Rapportons ici le trait héroïque d'Horatius Coclès. Porsenna, roi de Toscane, était venu combattre les Romains, les avait vaincus et les poursuivait. Ils étaient perdus, et Rome était prise si le pont de bois *Sublicius*, sur lequel l'armée romaine avait passé, n'était détruit sur-le-champ; mais il fallait arrêter l'armée de Porsenna pour achever la destruction de ce pont. Horatius Coclès se place alors à la tête de ce pont, et supporte seul les efforts d'une partie de l'armée ennemie, tandis que les deux vieux officiers qui l'accompagnaient, Herminius et Sparius Lartius, coupent le pont derrière lui. Quand ce travail fut achevé, Coclès se précipita tout armé dans le Tibre, et le passa à la nage, quoiqu'il eût reçu dans la cuisse un coup de pique. Publicola, général en chef, frappé d'admiration pour la valeur héroïque de ce jeune homme, obligea sur-le-champ les Romains à se cotiser et à lui donner autant que chacun dépensait en un jour. Il ordonna qu'il lui fut aussi distribué autant de terre qu'il en pourrait enfermer en une journée dans un sillon que Coclès tracerait lui-même. Horatius a reçu ce surnom de *Coclès*, qui signifie borgne, parce qu'il avait perdu un œil à la guerre, ou, selon d'autres (Plutarque), parce que le haut de son nez était si enfoncé dans la tête que rien ne séparait ses deux yeux, et que ses sourcils étaient joints; de sorte que le peuple voulant l'appeler *Cyclope*, se méprit, et l'appela *Coclès*, nom qui lui resta. Il descendait d'Horace, qui demeura victorieux dans

sultent d'une nature exaltée; mais ils ne font point horreur : le sacrifice de soi-même est une vertu que nous concevons chez tous les héros.

Choisissons de préférence, pour l'objet de nos études, ces écrivains qu'une grande connaissance du cœur humain a rendus les peintres parfaits de l'homme, et qui, dans des ouvrages divers légués par chacun d'eux à ses successeurs, ont mérité l'admiration de la postérité et les éloges même de leurs rivaux. Ne craignons pas que les grandes actions, les beaux caractères ou les sublimes ouvrages soient mal jugés par les génies supérieurs appelés à les apprécier. Il y a de l'émulation entre les grands hommes; mais l'envie, la médisance, la calomnie ne sont que le partage des petits hommes et des petits esprits. Avec Cicéron nous jugerons dignement Démosthène; avec Racine nous aurons le plus bel éloge qui ait jamais été fait de Corneille, son rival de gloire; et Voltaire, héritant du sceptre dramatique, nous apprendra lui-même que Racine ne peut pas avoir de successeur.

La matière que je viens de traiter est grave,

---

le fameux combat des Horaces contre les Curiaces, sous le règne de Tullus Hostilius. Le trait de courage de Coclès eut lieu, dit-on, l'an 507 avant J. C. (T.)

SIXIÈME SOIRÉE.

je le sens, et aurait besoin d'être approfondie. Puisque nous ne pouvons le faire, tirons du moins de tout ce qui précède une de ces grandes leçons morales que notre sujet amène naturellement: avec la liberté, la littérature est revêtue des formes austères de l'éloquence; avec le gouvernement monarchique, elle emprunte les couleurs plus brillantes de la poésie. Si rapide que soit notre examen, la transition qui se prépare est remarquable, puisque, de Cicéron, défenseur des libertés publiques, nous passons à Auguste, oppresseur de tous les droits, mais protecteur de tous les arts. Ainsi, après nous être convaincus que le pouvoir d'un seul est favorable à la littérature poétique, comme les institutions libérales le sont à la véritable éloquence, nous aurons lieu d'espérer que dans notre siècle, enfin moins futile et plus grave, que sous notre gouvernement composé d'élémens divers et de principes à la fois monarchiques et constitutionnels, l'esprit humain triomphera également, sous les formes séduisantes de la poésie et dans les discours véhémens et énergiques dans lesquels l'art oratoire perfectionné, plaidant avec une force entraînante pour les droits des princes, pour les garanties des peuples, intérêts désormais inséparables, deviendra une des premières et des plus nobles gloires de notre pays.

SEPTIÈME SOIRÉE.

SIÈCLE D'AUGUSTE:

Tibulle, Catulle, Ovide, Horace, Virgile.

L'intelligence de l'homme, une fois mise en mouvement, ne peut plus rester stationnaire; les siècles de la république romaine avaient été témoins, en se succédant, des perfectionnemens successifs du langage; et les hommes, occupés de jurisprudence et de politique, ne laissaient pas errer dans le vide leur imagination qui, en augmentant sans cesse, éprouvait sans cesse des besoins nouveaux. Quand les périls et les troubles des guerres civiles eurent cessé; lorsqu'enfin on n'eut plus à gémir sur les listes de proscription, ni à défendre glorieusement les intérêts de la liberté, au milieu du calme imposé à tant d'esprits actifs et inquiets, un aliment manquait pour soutenir et, pour ainsi dire, former la vie morale de ces républicains dégénérés. Celui qui s'était montré féroce étant Octave, devint alors doux et clément étant Auguste, encouragea les arts, protégea les lettres, traça devant l'intelligence une carrière nouvelle aussi brillante que tout ce qui l'avait illustrée, et la poésie romaine se signala par de nombreux chefs-d'œuvre[1].

Ainsi font les hommes, et surtout ceux qui sont appelés à régner sur les autres sans que la naissance ou des droits antérieurs justifient cette ambition. Ce n'est pas seulement sous le règne d'Auguste que la liberté a été étouffée ; mais, du moins, dans les temps modernes, comme dans les temps antiques, une grande vérité nous est révélée par l'histoire : c'est qu'en dépouillant un peuple de ses droits, il y a nécessité de lui offrir une consolation ; qu'à une époque de liberté on ne peut faire succéder une époque de honte : il faut, en compensation d'un bien que l'on a ravi, fournir

---

[1] Auguste était neveu et fils adoptif de César, et naquit à Rome 63 ans avant J. C. Il n'avait que 18 ans quand César fut assassiné. Il commit d'abord beaucoup de cruautés par suite des guerres civiles ; mais quand l'empire ne lui fut plus disputé, il régna avec modération. On dit qu'il voulut même déposer l'autorité suprême, et qu'il en fut détourné par Mécène. Il mourut à Nôle, l'an 14 de J. C., à l'âge de 76 ans, après avoir désigné pour son successeur Tibère, fils de Livie, qu'il avait adopté en épousant cette princesse. Après sa mort, le sénat lui décerna des honneurs

un bien qui le remplace, et la gloire seule a été jugée digne, par les tyrans eux-mêmes, de succéder à la liberté.

Ennius et Lucrèce s'étaient élevés au-dessus des poètes de Rome; mais la distance qui les sépare des grands génies du règne d'Auguste est immense, si l'on en juge par la perfection du style de ces derniers. Les auteurs même du second ordre ont dans l'expression tant d'élégance et tant d'harmonie, que plusieurs d'entr'eux doivent encore être consultés comme modèles. Qu'on n'attende pas de moi des citations de Tibulle, de Catulle et de quelques autres : la nature de mon auditoire ne me permet pas de citer des pièces entières, et, par goût même, je me reprocherais le temps qu'en citant des poètes secondaires je déroberais aux trois principaux génies du siècle

---

divins, et lui consacra un temple. Sur le point d'expirer, il dit à ses amis qui entouraient son lit : qu'il avait trouvé Rome de briques, et qu'il la laissait bâtie de marbre. Se sentant défaillir de plus en plus, il demanda un miroir, se fit peigner et raser ; après quoi il dit : « N'ai-je pas bien joué mon rôle ? battez donc des mains, car la pièce est finie, » et il expira. Il fut voluptueux, débauché; mais grand et magnanime ; il protégea les arts et les sciences. Virgile, Horace, Ovide, Properce, Catulle, Tibulle, et autres poètes célèbres, vivaient sous son règne ; il les comblat de présens, et applaudissait à leur gloire. (T.)

d'Auguste; je veux parler d'Ovide, d'Horace et de Virgile[1].

Lorsqu'on lit les Métamorphoses, et qu'on est frappé de tant de fraîcheur dans le coloris, de tant d'éclat dans la poésie, de tant de charmes dans les épisodes, on est presque tenté d'oublier

---

[1] Tibulle, chevalier romain, naquit à Rome l'an 43 avant J. C. Il suivit d'abord le métier des armes ; mais sa complexion délicate lui fit abandonner cette première vocation. Il revint à Rome, où il vécut dans la mollesse et les plaisirs. Poursuivi par ses créanciers, il se retira à la campagne, où il mourut à l'âge de 24 ans. Il a composé quatre livres d'Élégies pleines de mollesse et de grâce. C'est le poëte des amans. Horace et Ovide furent ses amis. Boileau a dit :

« L'amour dictoit les vers que soupiroit Tibulle. »

Cependant on lui a reproché trop d'uniformité, et de peindre toujours les mêmes sentimens. Pour faire connaître sa poésie je vais donner ici la traduction d'une de ses élégies. Cette traduction est de M. Mollevaut :

> Quel monstre, le premier, a, dans sa cruauté,
> Ravi le tendre amant à la tendre beauté ?
> Quel cœur, non moins cruel, s'arracha sans tristesse
> Des doux embrassements d'une jeune maîtresse ?
> Non, je ne puis survivre à cet horrible sort ;
> L'excès de la douleur rompt le cœur le plus fort ;
> Et je ne rougis point d'avouer ma faiblesse,
> Ni les soins dévorants qui m'obsèdent sans cesse.
> Ah ! quand je descendrai dans la nuit des tombeaux,
> Que la flamme funèbre aura blanchi mes os,
> Viens, ô ma Nééra, viens sans orner tes charmes,
> Et, triste, ô mon bûcher donne au moins quelques larmes.
> Puisse ta mère émue aussi gémir sur nous !
> Que l'une pleure un gendre, et l'autre, son époux.
> Trois fois invoquez-moi dans vos hymnes pieuses,

SEPTIÈME SOIRÉE.

le plus grand mérite d'Ovide, et d'être injuste envers lui. Ce mérite consiste dans le plan de son ouvrage et dans une distribution de son sujet telle qu'elle nous paraîtrait impossible si nous n'avions le livre sous les yeux. Toutes les fables de son temps, toutes les traditions mythologiques,

> Plongez au sein des flots vos mains religieuses ;
> Le corps enveloppé de sombres vêtements,
> Recueillez avec soin mes tristes ossements :
> Qu'un vin vieilli par l'âge aussitôt les arrose ;
> Qu'ensuite en un lait pur votre main les dépose ;
> Dans un voile de lin ces ossements pressés
> Reposeront alors sous les marbres glacés.
> Là vous viendrez gémir. La riche Panchaïe,
> L'Assyrie odorante, et la molle Arabie,
> Autour de mon tombeau couvert de pâles fleurs,
> Mêleront leurs parfums au tribut de vos pleurs ;
> Et ces deux vers, gravés sur l'urne où je repose,
> Rediront de ma mort la déplorable cause :
> « Ici gît Lygdamus ; passant, plains son malheur :
> « Il perdit son amante, et mourut de douleur. »

Catulle était né l'an 86 avant J. C., d'une famille distinguée. Il fut l'ami de Cicéron, de Cinna, et autres grands hommes de cette époque. Il fit des épigrammes charmantes, même contre César, qui l'apprit, et, pour s'en venger, l'invita à souper et le combla de caresses. Catulle mourut à l'âge de 30 ans. On dit ordinairement de ses poésies : « Qui écrit comme Catulle, vit rarement comme Caton. » Voici la traduction de la pièce : *Cœnabis bene, mi Fabulle, apud me*, etc. :

> Je t'invite, mon cher Fabulle,
> Et je t'offre un repas exquis,
> Si tu veux chez l'ami Catulle
> Envoyer quelques mets choisis,
> Avec Bacchus et la Folie,
> Sans oublier nymphe jolie.

s'y trouvent chacune à sa place, et toutes naturellement amenées. Sans avoir aucun rapport entr'eux, tous ces récits se succèdent sans effort, et concourent à former l'ensemble d'un poème qui respire une unité d'intérêt aussi remarquable qu'elle était difficile. C'est évidemment la Théogonie ou Naissance des dieux d'Hésiode qui a fait naître l'idée des Métamorphoses; mais la Théogonie, surpassée, est bien loin d'atteindre à cette hauteur [1].

> Pour ton poète infortuné,
> Dont la cassette rétrécie
> Loge le seul fil d'Arachné,
> Il offre à la bruyante orgie
> Le riant nectar des bons mots,
> Le sel piquant de la saillie,
> Le fumet des malins propos,
> Puis ces parfums, pure ambrosie,
> Que l'Amour lui-même a pétris
> Et volés pour ton Aspasie
> Sur la toilette de Cypris :
> Toi, noyé dans la double ivresse
> De Flore et Bacchus ton vainqueur,
> Sur le sein de l'enchanteresse
> Bois les délices du bonheur.

SUR L'INCONSTANCE DES FEMMES.

> Mon amante me dit, je te serai fidèle,
> Si même Jupiter m'offrait un feu constant.
> Elle le dit : mais, las ! le serment d'une belle
> Doit s'écrire sur l'onde, ou sur l'aile du vent.

Les citations ci-dessus suffiront pour faire apprécier le mérite des deux auteurs érotiques qui font le sujet de cette note. (T.)

[1] Ovide est aussi l'auteur d'un poème intitulé l'*Art d'aimer*,

Les traductions en prose d'Ovide sont insignifiantes; une traduction en vers de M. de Saint-Ange offre des inégalités telles qu'on ne peut en faire l'éloge d'un bout à l'autre; cependant l'auteur s'est montré quelquefois dignement inspiré par son modèle, et quelques épisodes, celui de Phaéton en particulier, ont prouvé ce qu'il pouvait faire comme traducteur.

On ne peut pas dire que La Fontaine ait traduit

---

qu'il composa dans sa jeunesse. Cet ouvrage est rempli de détails charmans. En voici un fragment : *Non ego divitibus venio præceptor amoris*, etc. :

>Je ne viens point au riche enseigner l'art d'aimer :
>Qui donne, mieux que moi connaît l'art de charmer.
>Qui peut dire : acceptez, a tous les dons de plaire.
>Je lui cède : de l'art il sait tout le mystère.
>C'est au pauvre qu'ici j'adresse mes conseils ;
>J'étais pauvre en aimant : j'enseigne mes pareils.
>Faute, en faisant ma cour, de dons plus agréables,
>Je donnais pour présents des paroles aimables.
>Pauvre, sois circonspect, prends garde à tes discours.
>Le riche endure peu : sois souple en tes amours.
>Un jour, je m'en souviens, j'osai dans ma colère
>Déranger des cheveux arrangés pour me plaire.
>Qu'un instant de dépit me coûta de soupirs !
>Que ce jour malheureux m'enleva de plaisirs !
>Son voile est déchiré : c'est moi qu'elle en accuse :
>J'en doutais ; en payant j'achetai mon excuse.
>Amants, en ce point seul n'allez pas m'imiter ;
>En évitant mes torts, sachez en profiter.
> Faisons la guerre au Parthe : un sexe plein de charmes
>N'est pas notre ennemi ; mets à ses pieds tes armes.
>En paix avec Vénus, ne conduis à sa cour
> Que les ris et les jeux, cortège de l'amour.

Ovide : il l'a seulement imité ; mais une imitation de La Fontaine l'emporte sur toutes les traductions du monde. Parlons de Philémon et Baucis.

Le fond de ce récit est, selon moi, touchant jusqu'au sublime ; j'en appelle à vous-mêmes. Quelle est l'idée dominante dans cette histoire ? La perversité des hommes ayant endurci leurs cœurs,

---

Si pour toi ta maîtresse a l'humeur peu traitable,
Endure, et son humeur deviendra plus aimable.
La branche avec le temps se courbe sans effort :
Tu la romps, si tu veux qu'elle cède d'abord.
Au nageur qui la suit l'onde est obéissante ;
Il perd contre son cours une lutte impuissante.
Le tigre, le lion si terrible au chasseur,
Par degrés s'apprivoise et cède à la douceur.
Au joug le fier taureau par degrés s'habitue,
Et traîne par degrés la rustique charrue.
Atalante a juré de haïr les amants :
Atalante oublia sa haine et ses serments.
Mélanion, qu'aux bois sur ses pas elle attire,
Pleure et ses cruautés et son tendre martyre.
Souvent, comme un esclave, il porte ses filets :
Le sanglier pour elle est percé de ses traits.
D'une flèche d'Hylée il reçoit la blessure :
L'amour l'avait blessé d'une flèche plus sûre.
Ma loi n'ordonne pas de courir dans les bois,
D'y porter des filets, haletant sous leur poids,
De s'exposer aux traits, et de cesser de vivre.
Ma leçon la plus dure est agréable à suivre.
Sois de ta souveraine un sujet dépendant ;
Cède à ses volontés ; tu vaincras en cédant.
Approuve tour-à-tour, et blâme avec ta belle :
Comme elle parle, agis ; ris et pleure avec elle.
Mets sous ses lois ta langue, et ton geste, et tes yeux.
Si vous jouez ensemble, elle jouera le mieux ;

ils en sont arrivés au point de méconnaître jusqu'au saint droit de l'hospitalité. Jupiter et Mercure, déguisés en voyageurs, viennent de s'assurer de cette triste vérité. Un couple de vieillards va seul se montrer sensible envers ses hôtes; quelle sera sa récompense? gloire, fortune, puissance, richesse, le maître des dieux peut tout accorder;

> Ses soldats aux échecs cherchent à te surprendre;
> Ton bataillon contre eux ne pourra se défendre.
>   Des rayons du soleil abrite ses appas;
> Ouvre parmi la foule un chemin à ses pas;
> Ote ou mets sa chaussure : un si doux soin la touche :
> Et qu'un marche-pied l'aide à monter dans sa couche.
> Viens encore, à son œil enchanté de se voir,
> Esclave officieux, présenter un miroir.
> Celui qui de Junon fatigua la colère,
> Qui supporta le ciel devenu son salaire,
> A des tâches de femme occupa ses travaux,
> Et roula sous ses doigts la laine et les fuseaux.
> Omphale à ses genoux a vu filer Hercule :
> Va, tu peux l'imiter, sans être ridicule.

Ce poëte était né 43 ans avant J. C. Il avait étudié pour être avocat. Il fut aimé de tous ses contemporains, de Virgile, de Properce, de Tibulle et d'Horace. Auguste lui prodigua même les honneurs et les récompenses; mais tout-à-coup le poëte se vit condamné à un exil rigoureux. On ne sait au juste quelle en fut la cause : on pense qu'il avait vu quelque chose de honteux dans la maison d'Auguste, et que ce prince ne put plus supporter la présence d'Ovide. Quoiqu'il en soit, il avait 50 ans lorsqu'il fut exilé à l'extrémité du Pont-Euxin, où il mourut à l'âge de 59 ans, l'an 17 de notre ère.   (T.)

« Ce que nous voulons, dit Philémon, nous qui nous sommes aimés ici-bas, c'est qu'aucun de nous deux n'ait jamais à pleurer sur le trépas de l'autre; faites que nous quittions la vie le même jour. » Il faudrait n'avoir pas des entrailles humaines pour ne pas être attendri au récit de cette prière du vieillard, qui n'entrevoit d'autre félicité que de mourir avec l'objet qui fit le bonheur de toute sa vie.

Si du fond nous passons aux détails, qu'ils sont beaux et poétiques ! Plus brillans dans Ovide, plus naïfs dans La Fontaine, ils touchent également dans les deux poètes :

> Prêt enfin à quitter un séjour si profane,
> Ils virent à l'écart une étroite cabane,
> Demeure hospitalière, humble et chaste maison.
> Mercure frappe : on ouvre. Aussitôt Philémon
> Vient au-devant des dieux, et leur tient ce langage :
> Vous me semblez tous deux fatigués du voyage,
> Reposez-vous. Usez du peu que nous avons ;
> L'aide des dieux a fait que nous le conservons :
> Usez-en. Saluez ces pénates d'argile :
> Jamais le ciel ne fut aux humains si facile,
> Que quand Jupiter même étoit de simple bois ;
> Depuis qu'on l'a fait d'or, il est sourd à nos voix.
> Baucis, ne tardez point : faites tiédir cette onde :
> Encor que le pouvoir au désir ne réponde,
> Nos hôtes agréeront les soins qui leur sont dus.

Voici des détails pris dans l'original, et fidèlement

observés; c'est un grand poète qui traduit un grand poète :

> Quelques restes de feu sous la cendre épandus
> D'un souffle haletant par Baucis s'allumèrent :
> Des branches de bois sec aussitôt s'enflammèrent.
> L'onde tiède, on lava les pieds des voyageurs;
> Philémon les pria d'excuser ces longueurs :
> Et pour tromper l'ennui d'une attente importune,
> Il entretint les dieux, non point sur la fortune,
> Sur ses jeux, sur la pompe et la grandeur des rois,
> Mais sur ce que les champs, les vergers et les bois
> Ont de plus innocent, de plus doux, de plus rare.
> Cependant par Baucis le festin se prépare.
> La table où l'on servit le champêtre repas
> Fut d'ais non façonnés à l'aide du compas :
> Encore assure-t-on, si l'histoire en est crue,
> Qu'en un de ses supports le temps l'avoit rompue.
> Baucis en égala les appuis chancelants
> Du débris d'un vieux vase, autre injure des ans.

La vieille et son souffle haletant; la vieille table et la vieille brique qui la soutient; tout cela se trouve dans Ovide. En parlant du débris d'un vieux vase : « *Autre injure des ans!* » s'écrie La Fontaine; exclamation naïve et poétique à la fois, qui n'est pas dans l'original, et qui ajoute à ce tableau touchant je ne sais quel sentiment d'une tendre pitié.

Mon intention est de rappeler à vos esprits les charmes des anciens poètes; mais ce n'est point ici que peut se présenter l'occasion d'approfondir ou de commenter longuement leurs ouvrages. Je dessine en courant, pour ainsi dire, les traits de ce grand tableau de la marche de l'intelligence, et je nomme à peine un auteur, que je suis forcé de le quitter. Tout charmant qu'est Ovide, Horace m'appelle, et j'aurai à peine parlé d'Horace, que Virgile aura paru à son tour.

Le Pindare latin, plus élevé, plus sublime peut-être qu'aucun de ses contemporains, porte un caractère distinctif qui frappe au premier abord : c'est l'universalité des tons poétiques. Choisissez le poète le plus versé dans le genre anacréontique : comment traduira-t-il les odes d'un rhythme si sévère où Horace chante le maître du monde, ou la fermeté du sage, triomphant et calme au milieu des débris de l'univers s'écroulant tout entier autour de lui ?[1]

---

[1] Justum et tenacem propositi virum
. . . .
Si fractus illabatur orbis,
Impavidum ferient ruinæ.

Immuable dans ses maximes,
Ferme en ses desseins glorieux,
Le juste repousse les crimes
Qu'exige un peuple furieux.
Rien n'ébranle cette ame altière,
Ni d'un tyran le front sévère,
Ni l'aspect des flots écumants ;
Sans pâlir il entend la foudre,
Et verrait l'univers en poudre
Arraché de ses fondements.
Traduction de M. Daru. (T.)

Chantera-t-il, en traducteur grave, les caprices de Pyrra et la présence du jeune esclave qui porte le Falerne et qui couronne de roses la coupe des festins? Êtes-vous studieux et profond? méditez cet art poétique dont les conseils ont formé Boileau. Devenez-vous philosophe? J.-B. Rousseau sera surpris par vous imitant l'essor lyrique du poète. La Fontaine cherche-t-il des fables? *la Montagne en travail, le Rat de ville et le Rat des champs*, se trouvent indiqués par son auteur favori. Êtes-vous railleur ou caustique? vous ne surpasserez pas ce que le sel mordant des satires contient de vif et de piquant. Vous laissez-vous aller aux sentimens tendres? l'amitié, ce trésor du sage, ce bonheur du poète, remplit le cœur d'Horace et lui inspire les plus tendres accens. Le voilà maintenant se promenant sur les bords des mers, disant adieu au vaisseau qui porte son cher Virgile vers les rivages d'Athènes, et s'irritant contre le premier dont le cœur armé d'un triple airain put oser dans un navire affronter l'élément perfide qui va le séparer de son ami.

AU VAISSEAU DE VIRGILE.

Pour ta course, ô vaisseau! j'implore Cythérée,
Et ces astres jumeaux aux rayons vifs et doux;
Puisse le dieu des vents, enchaînant leur courroux,
T'envoyer les zéphirs sur la mer azurée.

Qu'à tes flancs protecteurs Virgile confié
Navigue heureusement jusqu'aux rives d'Athènes ;
Porte exempt de périls sur les liquides plaines
Cet ami, de mon cœur la plus chère moitié !

Ecoutant de l'orgueil l'audacieux délire,
D'un triple airain sans doute il sut armer son cœur,
Celui qui, le premier, sur un frêle navire
Osa se confier aux vagues en fureur.

Il voulut affronter les vents brûlans d'Afrique,
L'Hyade menaçante et l'Aquilon fougueux,
Et l'Autan qui, régnant sur l'onde adriatique,
Calme, irrite à son gré les flots tumultueux.

Il vit d'un œil tranquille au sein des mers profondes
Des écueils s'élever, des monstres tressaillir ;
Vain pouvoir de la mort ! Dieu sépara les mondes ;
Les gouffres qu'il creusa l'homme ose les franchir !

Quand Japet eut conquis, pour sa race perfide,
Ce feu du ciel ravi par ses coupables mains,
Le malheur prit naissance, et la mort plus rapide
D'un pas précipité fondit sur les humains.

Des ailes de l'oiseau Dédale se décore,
Hercule ose passer les fleuves de l'enfer ;
Nous outrageons les cieux.... et nous voulons encore
Que la foudre sommeille aux mains de Jupiter !...

Avec des tons si divers, il n'est pas étonnant qu'Horace n'ait pas eu de traducteur parfait; il faudrait, pour le devenir, avoir des facultés poétiques aussi variées ; il faudrait, pour ainsi dire, être Horace lui-même. Voltaire a dit :

« J'étais pour Ovide à vingt ans ;
« Je suis pour Horace à quarante. »

Mais Voltaire était poète, et sa préférence ne nous étonne guère. Faut-il démontrer qu'Horace est le favori de tous les hommes? prenons, parmi les noms les plus graves, le plus austère s'il est possible, un nom qui soit une autorité, et qu'on n'accuse pas de se laisser séduire par la facile philosophie du poète aimable et buveur ; écoutons d'Aguesseau :

« Je dirois donc volontiers d'Horace ce que Quintilien a dit de Cicéron, *ille se profecisse sciat, cui Horatius valdè placebit*. On y apprend, non seulement à bien parler, mais à bien penser ; à juger sainement de ce qui doit plaire ou déplaire dans ceux avec qui nous vivons, à avoir le sentiment vif et délicat sur les caractères, sur les bienséances et les devoirs de la vie civile, et à connoître ce qui peut former l'honnête homme, l'homme aimable dans le commerce de la société.

« Toutes les vertus du style s'y réunissent en même temps : une justesse d'expression qui égale celle des pensées ; un art à présenter des images toujours gracieuses, et toujours traitées avec cette sobriété qui sait s'arrêter où il faut, et faire succéder de nouvelles beautés qui semblent suivre naturellement les premières, et charmer l'esprit par leur variété, sans le fatiguer par leur multitude ou par leur confusion ; un choix dans les épithètes, qui ne sont jamais oisives, et qui ajoutent toujours, ou plus de force, ou plus de grâce aux termes qu'elles accompagnent; une perfection dans les narrations, dont l'élégance et l'ornement ne diminuent point la simplicité et la rapidité. Enfin, on trouve en lui un maître toujours aimable, qui, comme il le dit lui-même, enseigne le vrai en riant, et dont le savant badinage semble jouer autour du cœur (c'est l'expression de Perse), pour y faire entrer plus agréablement ses préceptes. Mais en voilà trop sur le caractère de cet auteur : il faudroit être Horace lui-même pour en faire dignement le portrait; et l'on profitera plus à le lire qu'à l'entendre louer. »

Après une telle autorité citée en faveur d'Horace, on ne m'accusera pas d'être injuste envers lui, et j'oserai avouer tout haut que ce n'est pas pour lui, mais pour Virgile, que j'userai à mon tour de mon droit de préférence. Le poète lyrique m'étonne et me transporte : Virgile parle plus à mon cœur; il m'attire et me captive plus longtemps. J'admire Horace, mais j'aime Virgile : il parle à mon amie un langage plus sympathique et plus doux. Horace est un poète tantôt aimable, tantôt sublime ; Virgile est presqu'un ami[1].

J'ai eu l'occasion de citer, en parlant d'Orphée, un admirable passage des Géorgiques ; je cède au plaisir de vous rappeler ce second livre de l'Enéide qui peint avec des couleurs si fortes et si touchantes la fatale nuit de l'embrâsement de Troie ; je vous rappellerai, après tant d'autres, l'apparition d'Hector, les amours de Didon et ses éloquens reproches ; mais je vous arrêterai de préférence sur l'histoire de Nisus et d'Euryale, où l'auteur semble avoir épuisé tout ce qu'il y a de sensibilité dans son ame et de poésie dans ses tableaux.

---

[1] Horace est né à Rome 66 ans avant J. C., et mourut à l'âge de 57 ans. Voici ce que disait Voltaire sur les ouvrages de ce grand poète :

>Jouissons, écrivons, vivons, mon cher Horace.
>. . . . .
>. . Au bord du tombeau, je mettrai tous mes soins
>A suivre les leçons de ta philosophie,
>A mépriser la mort en savourant la vie,
>A lire tes écrits pleins de grâce et de sens,
>Comme on boit d'un vin vieux qui rajeunit les sens.
>Avec toi l'on apprend à souffrir l'indigence,
>A jouir sagement d'une honnête opulence,
>A vivre avec soi-même, à servir ses amis,
>A se moquer un peu de ses sots ennemis,
>A sortir d'une vie ou triste ou fortunée,
>En rendant grâce aux dieux de nous l'avoir donnée. (T.)

Les deux amis, porteurs du butin, et retournant vers le camp, traversent une forêt obscure : Nisus, plus âgé et plus prudent, n'a chargé ses épaules que d'un poids léger ; le jeune Euryale fléchit sous les dépouilles qui embarrassent sa marche, et son ami l'a bientôt perdu de vue ; il s'arrête, cherche en vain autour de lui, appelle le jeune imprudent qui ne peut plus l'apercevoir, et frappe l'air de ses gémissemens. Tout-à-coup un escadron se fait entendre : Volscens le conduit. A la clarté de la lune, Nisus a reconnu son ami au milieu des cavaliers ; il saisit son javelot, et se prosterne devant l'astre des nuits :

« Toi qui pares les cieux, toi qu'adorent les bois,
Si de leurs habitants mon père mille fois
Vint offrir à tes pieds les dépouilles sanglantes ;
Si moi-même souvent, de mes mains triomphantes,
Au faîte de ton temple, à tes sacrés autels,
J'ajoutai mes tributs aux tributs paternels,
Diane ! entends ma voix ! que ma main raffermie
Dissipe sous ses coups cette foule ennemie ;
Viens de mon javelot guider le vol heureux ! »

Il dit : de tout l'effort de son bras vigoureux
Le trait part, fend les airs, siffle dans l'ombre obscure,
Rencontre, atteint Sulmon d'une large blessure :
Sur le trait qui se brise il tombe, et de son flanc
La vie en longs sanglots s'échappe avec son sang.
On regarde partout, on s'étonne, on se trouble :
D'audace et de vigueur l'adroit Nisus redouble ;

SEPTIÈME SOIRÉE.

Et, du haut de son front, par sa main balancé,
Un trait non moins fatal à Tagus est lancé :
De l'une à l'autre tempe, en traversant la tête,
Dans le cerveau fumant le trait mortel s'arrête.
Furieux, incertain d'où sont partis ces coups,
Volscens ne sait sur qui doit tomber son courroux :
« Eh bien, de ces deux morts tu porteras la peine. »
Soudain s'abandonnant au courroux qui l'entraîne,
Il fond sur Euryale. A cet aspect affreux,
Egaré, hors de lui, son ami malheureux
Ne peut plus supporter sa pénible contrainte ;
Il se montre, il s'écrie, enhardi par la crainte :
« Moi, c'est moi ! sur moi seul il faut porter vos coups ;
Cet enfant n'a rien fait, n'a rien pu contre vous ;
Arrêtez ! me voici, voici votre victime ;
Epargnez l'innocence et punissez le crime.
Hélas ! il aima trop un ami malheureux ;
Voilà tout son forfait ; j'en atteste les dieux. »
Durant ce vain discours, par la lance mortelle
Déjà frappé de mort Euryale chancelle ;
Il tombe : un sang vermeil rougit ce corps charmant ;
Il succombe, et son cou, penché languissamment,
Laisse sur son beau sein tomber sa jeune tête :
Tel languit un pavot courbé par la tempête ;
Tel meurt, avant le temps sur la terre couché,
Un lis que la charrue en passant a touché.
Nisus court, Nisus vole, aussi prompt que l'orage ;
C'est Volscens que choisit, que demande sa rage.
On l'entoure, on s'oppose à ses transports fougueux :
Inutiles efforts ; le glaive furieux
Tourne rapidement dans sa main foudroyante :
Volscens pousse un grand cri ; dans sa bouche béante

Le fer étincelant plonge, et finit son sort.
Ainsi l'heureux Nisus donne et trouve la mort :
Percé presque à l'instant de la lance fatale,
Il se jette mourant sur son cher Euryale :
De son dernier regard cherche encor son ami ;
Meurt, et d'un long sommeil s'endort auprès de lui.

Couple heureux ! si mes vers vivent dans la mémoire,
Tant qu'à son roc divin enchaînant la victoire
L'immortel Capitole asservira les rois,
Tant que le sang d'Énée y prescrira des lois,
A ce touchant récit on trouvera des charmes,
Et le monde attendri vous donnera des larmes.

Ainsi parlait Virgile, et depuis beaucoup de siècles le Capitole n'asservit plus les rois, et depuis des siècles le sang d'Enée a cessé de donner des lois à l'univers ; mais Virgile a eu beau former des espérances, sa renommée devait les surpasser, et s'étendre même au-delà de ce qu'avait souhaité son ambition. Religion, gouvernement, langues et mœurs, tout a changé depuis Virgile, et ses récits nous attendrissent encore, parce que jamais des vers plus nobles et plus touchans n'ont exprimé les plus doux sentimens de la nature [1].

---

[1] Publius Virgilius Maro vit le jour à Andès, village près de Mantoue ; voilà pourquoi on nomme quelquefois Virgile le *chantre de Mantoue*. Il vint au monde l'an 70 avant J. C. Son père était potier ; aussi ses ennemis disaient-ils qu'il était né dans l'argile. Il ne commença ses études qu'à dix-sept ans. Après avoir pris

Le siècle qui produisait ces poètes était doué d'assez de gloire, sinon pour faire oublier la liberté, au moins pour dédommager un peuple qui n'en était plus digne, de la perte de ses antiques droits. Puisque nous considérons l'histoire sous ses rapports littéraires, félicitons-nous d'y trouver des époques pareilles à celles qui nous occupent aujourd'hui ; chaque âge, chaque peuple a ses annales et ses jours de haute renommée ; mais, sur cette route inégale, tantôt élevée, tantôt unie, que parcourt l'intelligence, les siècles d'Auguste, de Périclès, de Louis XIV, apparaîtront toujours comme de hautes pyramides destinées à servir de phare au voyageur littéraire. En vain on donnerait à nos auteurs nationaux une préférence exclusive sur les grands génies de l'antiquité ; en vain on alléguerait que la mythologie, que les mœurs républicaines et les langues d'autrefois ne sont plus à notre usage, et qu'il nous faut chercher d'autres modèles ; ces auteurs nationaux, si justement vantés, ont dû, en grande partie,

---

la robe virile, il alla à Naples, étudia les mathématiques et la médecine, mais les abandonna bientôt pour se livrer entièrement à la poésie. Au milieu des guerres civiles, il fut dépouillé de son bien ; il vint à Rome pour réclamer, et s'adressa à Mécène, qui lui fit rendre son patrimoine par Auguste. C'est alors qu'il com-

leurs talens à l'étude de ces anciens modèles. Et que m'importe la mythologie, lorsqu'Ovide m'intéresse aujourd'hui par l'aimable récit des fables de son temps ? Que m'importe le paganisme, si Socrate, philosophe payen, me donne de hautes leçons

---

posa sa première Églogue pour remercier ce prince. Il fit ensuite ses Bucoliques ; peu de temps après il entreprit ses Géorgiques, qu'il composa, dit-on, à Naples. Il mit sept ans à les rédiger. Il les lut à Auguste, qui en fut enchanté, et qui le combla d'honneurs et de biens ; car cet empereur, après les guerres civiles, fit fleurir les lettres. Virgile travailla ensuite à son Énéide. Les Romains le nommèrent le *prince des poètes*. Ils avaient une telle vénération pour lui qu'on se levait au théâtre avec des acclamations lorsqu'on récitait de ses vers. Tant de gloire fit des jaloux, et lui créa des ennemis. Hélas ! qui n'en a pas ? On attaqua sa naissance, on dénatura ses ouvrages, on ne respecta pas même ses mœurs. Bavius et Novius se distinguèrent par leur haine contre ce grand homme. Ils étaient encouragés à tant d'audace et de méchanceté par la timidité excessive de Virgile. Il n'osait souvent répondre quand on l'interrogeait, et ne savait que rougir. Sa simplicité cachait un grand génie ; mais ce n'était pas aux sots à s'en apercevoir. Un jour, en présence d'Auguste, un courtisan lui dit : « Êtes-vous muet ? Quand vous n'auriez pas de langue, vous ne vous défendriez pas plus mal ? — Mes travaux parlent pour moi, répondit Virgile. » Auguste dit alors à Filistus l'interlocuteur : « Si vous connaissiez l'avantage du silence, vous le garderiez toujours, Filistus. » Virgile disait : « Je ne sais comment il se fait que j'ai des ennemis : je n'ai offensé personne, et n'ai jamais haï ceux qui me déchirent ; mais il

de sagesse et de vertu? Que m'importe que la langue latine n'existe plus, si le style de Virgile et d'Horace charme encore mon esprit, captive mon ame, et fait naître en moi mille délicieuses émotions?

---

faut que l'artiste déchire l'artiste, il faut que le poète porte envie au poète ; il en est ainsi de tous les états. Moi, je ne me venge de mes ennemis qu'en m'éclairant par leur critique. » Après avoir écrit son Enéide, il conçut le projet de se retirer de Rome pendant trois ans pour revoir cet ouvrage et le retoucher. Il se rendit en Grèce ; mais il y rencontra Auguste, qui revenait de l'Orient, et s'en retourna à Rome avec lui. En chemin, il fut pris de maladie ; voyant approcher sa fin, il ordonna par son testament qu'on jetât au feu l'Enéide, qu'il n'avait pas eu le temps de corriger comme il en avait eu le projet. Il avait été neuf ans à composer ce poème. Virgile mourut à Brindes en Calabre, à l'âge de 51 ans. Son corps fut porté près de Naples, et l'on écrivit sur son tombeau les vers qu'il avait faits en mourant :

> Mantua me genuit, Calabri rapuere ; tenet nunc
> Parthenope : cecini pascua, rura, duces.

> Mantoue a vu ses champs me donner la naissance,
>   J'ai vécu chez les Calabrois ;
> Parthénope à-présent me tient sous sa puissance...
>   J'ai chanté les bergers, la campagne et les rois.

Les œuvres de Virgile, à l'exception des Bucoliques, ont été traduites par Delille. Un de nos concitoyens, M. Ach. Deville, s'occupe dans ce moment de la publication d'une traduction en vers des Eglogues.   (T.)

Les hommes qui méprisent de tels auteurs et de tels ouvrages, ne savent pas, sans doute, combien, dans l'histoire de l'esprit humain, tout se lie et se coordonne. Les places publiques, les édifices de Rome et d'Athènes, ne sont rien par eux-mêmes, mais ils sont tout par les souvenirs qu'ils inspirent. Assurément l'auteur du Génie du christianisme trouve dans la religion de nos jours de puissans moyens d'inspiration; demandez pourtant à cet illustre écrivain, sans contredit le premier de notre époque, si, lorsque debout à Misitra, sur les ruines de l'ancienne Sparte, il appelait à haute voix Léonidas! Léonidas! si l'émotion que ce grand souvenir jetait dans son ame n'était pas propre à y faire naître de grandes pensées? Et moi aussi, sur la terre de l'Italie, au milieu du Forum de Rome, j'appelais Cicéron; et je ne pouvais voir sans émotion ces trois colonnes encore debout, et ce mur du temple de Jupiter Stator, au sein duquel la voix tonnante du consul dénonça les complots des conspirateurs. Que de fois aussi, errant seul la nuit sur le rivage de Naples, je demandai à cet immense golfe, à ces îles, à ces coteaux verdoyans, les souvenirs historiques qui semblent se presser sur cette terre si féconde en poétiques inspirations!

UNE NUIT AU GOLFE DE NAPLES[1].

Le jour fuyait : la nuit versait partout son ombre ;
  Au milieu d'un azur plus sombre
Quelques flots brillaient seuls par la lune éclairés.
Notre bateau voguait à sa douce lumière,
Et, secondant l'effort d'une brise légère,
  La rame frappait l'onde amère
  A coups tardifs et mesurés.

Non loin de Parthénope, on distinguait encore
  Le Vésuve silencieux ;
Son sommet déchiré se perdait dans les cieux ;
  Mais rien ne montrait à nos yeux
  Le feu caché qui toujours le dévore.
Ainsi, dis-je, fait l'homme au terrestre séjour :
Tourmens d'ambition, irrésistible amour,
  Soif des honneurs ou de la gloire,
S'échappent de son cœur en de bruyans transports,
  Et les désirs, l'éclat, les vains remords
  Composent toute notre histoire !

Quel coteau verdoyant prolonge au sein des mers
  Son aspect riant et fertile ?
O Sorrente, salut ! Sorrente, l'univers
  Te dut le rival de Virgile.

---

[1] Extrait des *Souvenirs d'Italie*, par M. Ch. Durand ; (ouvrage inédit). Un fragment de ce morceau a paru dans le *Cours d'éloquence* ; nous le donnons ici tout entier. L'idée primitive en est due à une improvisation de *Corinne*. (T.)

Sois fière de tes souvenirs,
Du Tasse immortelle patrie !
Il ne fut point ingrat, et son cœur t'a chérie.
Triste, il vint te porter ses pleurs et ses soupirs.
C'est ici qu'une sœur et sa retraite obscure
L'attendaient dans l'adversité.
Sensible et malheureux, des grands persécuté,
Il crut à l'amitié qu'inspire la nature ;
Il y crut, et goûta quelque félicité.
Les autres ne sont qu'imposture ;
Celle-là seule est vérité !

Au milieu de la mer profonde,
Une île se présente à l'horizon lointain ;
C'est Caprée, ô terreur ! Caprée, effroi du monde,
Tes rochers qui dominent l'onde,
Je crois les voir encor souillés de sang humain.
Tu fus l'asile de Tibère ;
Là, satisfait d'un règne sanguinaire,
Rassasié de sang et de calamités,
Le vieux tyran cherchait encore à plaire,
Jaloux de prouver à la terre
Que le crime a ses voluptés !...

Fuyez de mon esprit, déplorables images !
O nuit ! dérobe moi ces coupables rivages ;
Et toi, barque légère, avance sur les flots ;
De la belle Ischia j'ai vu les bords célèbres,
Mes yeux, à travers les ténèbres,
Distinguent Procida sortant du sein des eaux ;
Nisida, plus voisine, invite au doux repos.
Qui m'y délivrera de mes songes funèbres ?
Brutus, s'élançant aux combats

Où l'appelait la liberté mourante,
Sur ces bords que foulent mes pas,
Attendri par les pleurs d'une épouse tremblante,
Pour la dernière fois la pressa dans ses bras.
O fille des Catons! toi, qui joignis dans Rome
Les vertus de ton sexe au courage d'un homme,
Etouffe les sanglots de ton cœur attristé:
Tu n'eus qu'une rivale, et c'était la patrie;
Compagne de Brutus, ton amour et ta vie,
    Offre tout à la liberté!

Plus loin, des sons plaintifs ont frappé mon oreille;
Misène! à ton aspect, un triste souvenir
    Au fond de mon cœur se réveille.
    Sur tes rochers quelle ombre vient gémir?
    Aux doux rayons de la lune tremblante,
    N'ai-je pas vu d'une robe flottante
        S'agiter les plis ondoyans?
    De noirs cheveux volent au gré des vents.
Quelle est cette beauté plaintive et solitaire?
Écoutons; elle pleure, et ses bras languissans
Ont pressé sur son cœur une urne funéraire.
    Veuve de Pompée, est-ce toi?
Oui, tu viens loin de Rome implorer un asile;
Oui, fidèle au guerrier dont tu reçus la foi,
Tu mourras sur ces bords où son trépas t'exile.
Comme toi du héros déplorant les malheurs,
Rome entière à sa mort a frémi d'épouvante,
    Et devant sa tête sanglante
    César même a versé des pleurs!

Mais quelle illusion me séduit et m'entraîne?
Le siècle où je vivais s'efface à mes regards.

Au sein du golfe de Misène,
Autour de moi je vois épars
Les vaisseaux, les guerriers de la flotte romaine.
Le bruit des boucliers d'airain
Frappe mon oreille attentive ;
Tout le camp est en deuil ; tous, d'une voix plaintive,
De leur chef imprudent déplorent le destin.
Pline ! qui t'a conduit aux flammes dévorantes
Qu'un volcan embrasé vomissait devant toi ?
Quand tout fuyait frappé de terreur et d'effroi,
Qui t'entraînait vers ces laves brûlantes ?
Le désir d'être utile à la postérité,
L'ardeur des grands travaux, la fièvre du génie,
Et cette soif d'une gloire infinie,
Qui fait sacrifier la vie
Au besoin d'immortalité !
Oui, je te pleurerai sur ces nobles rivages ;
Je n'y chanterai point tes immortels ouvrages :
L'univers a connu leur prix.
A ta seule vertu j'y consacre ma lyre ;
Et la postérité, que tu voulais instruire,
Aimera ton courage autant que tes écrits !...

Quelle ame ne serait frappée
Par tant d'augustes souvenirs ?
La mienne toute entière en était occupée,
Lorsque, aidé par la rame et par les doux zéphirs,
Mon navire léger vint aborder la terre.

C'était la rive solitaire
Où jadis de Baïa s'éleva la cité.
Sur ce rivage inculte, inhabité,
Rome goûta jadis les biens de l'opulence :
Une naïade aimable, y versant l'abondance,

Roulait avec ses flots la vie et la santé.
Noirs marais, vieux débris, air toujours infecté,
Le temps marqua sur vous sa fatale puissance,
  Comme il dévorait en silence,
   Et Rome, et sa célébrité !

Ici près, la sybille a rendu ses oracles.
Avait-elle prédit, parmi tant de miracles,
Ses autels renversés, ses temples disparus ?
Sur ces bords si féconds en glorieux prodiges,
Des dieux qui l'inspiraient je cherche les vestiges,
  Et mes yeux ne les trouvent plus !
  Un seul débris afflige ma pensée ;
   Un seul à mon ame oppressée
   Arrache un soupir douloureux ;
Là mourut Scipion, le vainqueur de Carthage,
Scipion, sans égal en vertus, en courage,
  Par Rome ingrate exilé dans ces lieux ;
   De son existence flétrie
   Ici s'éteignit le flambeau ;
Ce grand cœur, sans se plaindre, abandonna la vie,
  Et le mot sacré de *patrie*
   Se lit encor sur ce tombeau !...

  Lieux illustrés par tant de gloire,
  Adieu ! Du moins, s'il faut vous fuir,
  Que puisse votre souvenir
   Vivre toujours dans ma mémoire.

Je m'éloignais.... Mes pas, vers un sentier voisin,
Des murs de Parthénope avaient pris le chemin.
La lune à son couchant éclairait ces rivages.
Des rocs de Pausilippe, ornés de frais ombrages,

J'admirais le site enchanté ;
Et mon œil, mesurant l'espace illimité,
Se reposait au loin sur le liquide abime,
    Image fidèle et sublime
    De l'imposante éternité !

Etranger dans ces lieux, mon inexpérience
    Avait d'un guide emprunté les secours.
Il marchait.... Je rêvais.... Ses importuns discours
    Ne troublaient point l'harmonieux silence
De cette nuit, pour moi préférable aux beaux jours.
    Tout-à-coup mon guide s'arrête ;
Sa main avec respect a découvert sa tête ;
    Et, montrant du doigt à mes yeux
    Un monument triste et religieux :
« Virgile est là ; c'est lui dont vous voyez la cendre. »
    Il dit, et s'éloigne de moi.

    Quel nom sacré viens-je d'entendre !
Virgile ! tout mon cœur frémit d'un saint effroi.
    Eh, quoi ! cette urne funéraire,
Ce monument lugubre, immobile, glacé,
    Vingt siècles près d'eux ont passé,
Et tous ont respecté cette froide poussière !

O Virgile ! ma voix, dans ces lieux retirés,
Ose évoquer ton ombre et tes mânes sacrés.
Dis-moi : qui te dicta ces douces Géorgiques,
Ces détails enchanteurs de nos travaux rustiques
Que ta voix convertit en sublimes leçons ?
On te croyait le dieu des vergers, des moissons ;
Tout-à-coup, entonnant la trompette guerrière,
Tu chantas Ilion, sa gloire et sa misère ;

Hector, pâle et sanglant, couvert d'affreux lambeaux,
S'élançant du sein des tombeaux,
Pour prédire des siens l'immortelle infortune;
Jouets des vents et de Neptune,
Les enfans de Priam, chargés de saints débris,
Ballottés sur les mers profondes,
Retrouvant au delà des ondes
D'autres bords plus heureux, par les destins promis!
O qui te révéla ces mortelles alarmes
Dont la mère d'un brave honore son trépas;
La plaintive Didon, en de brûlans climats,
Terminant par la mort son amour et ses larmes;
Euryale et Nisus, tombant dans les combats,
Victimes d'un nœud plein de charmes?
Ces sentimens si purs, ces tableaux si touchans,
C'est au cœur seul à les comprendre;
J'en jure par toi-même et par ta noble cendre:
Mon esprit, digne de t'entendre,
D'aucun barde étranger ne goûtera les chants!

Adieu, cygne divin de la belle Ausonie!
Honneur du nom romain dans ses jours glorieux!
Toi, le père et le dieu de l'antique harmonie!
Car jamais Apollon n'exista dans les cieux:
C'est toi que sous son nom le monde encor révère;
Ton exemple et ta gloire inspirent les beaux vers,
Et les plus illustrés des enfans de la terre
N'ont surpris qu'un rayon de l'immense lumière
Que tu versas sur l'univers!

Je disais..... déployant sa couleur virginale,
L'aurore de la nuit dissipa les vapeurs;
Cette urne funéraire où je versais des pleurs

S'éclaira d'un rayon de l'aube matinale.
Je ne sais quel parfum dans les airs répandu
Surprit mes sens, troublés d'une ivresse inconnue.
  Je sentis dans mon ame émue
Un doux frémissement de gloire et de vertu.
  Tournant les yeux vers le rivage,
  Je vis s'éloigner de la plage
Un bateau doucement balancé sur les mers.
 J'ignore encor si quelque ami des vers
Au poète immortel adressait son hommage;
Mais j'entendis de loin de sublimes concerts;
Et même il me sembla, dans mon heureux délire,
  Que, s'unissant aux accords d'une lyre,
Le doux nom de Virgile avait frappé les airs!..

HUITIÈME SOIRÉE.

HISTORIENS AVANT L'EMPIRE.

Salluste, Tite-Live, Polybe, Cornelius-Nepos.

Lorsqu'Hérodote, le père de l'histoire, lut aux Grecs réunis aux jeux olympiques son ouvrage accueilli avec tant d'enthousiasme, il prouva qu'il avait découvert dans l'homme ce sentiment de curiosité, cette soif de récits, qui signalent l'enfance des peuples comme celle des individus. Le charme des narrations embellies par les fictions poétiques avait été pour beaucoup dans l'immense succès d'Homère; des narrations nouvelles dont l'historien garantissait la vérité, ne devaient pas offrir à ce peuple avide d'émotions, un plaisir qu'il pût dédaigner.

Tout crédule que soit Hérodote, que de services ont rendus ses traditions et ses récits, et combien n'a-t-il pas dû inspirer à de savans successeurs le désir des voyages et des recherches historiques!

Thucydide est plus éloquent, surtout dans ses harangues, qu'adoptèrent pour modèle les orateurs de la Grèce et de Rome. Moins brillant et plus solide peut-être, Xénophon se présente avec le récit de sa savante retraite et de son gouvernement, peut-être idéal, de Cyrus ; mais, il faut le dire, chez aucun de ces auteurs il n'y a eu véritablement la science de l'histoire, cet art de juger les hommes et les peuples, pour tirer de cet examen sérieux des leçons profitables aux nations à venir.

Les historiens de Rome, à l'époque de la république, quoiqu'il y eût déjà beaucoup d'événemens écoulés, ont moins été des penseurs profonds que de brillans narrateurs de ces événemens; les véritables penseurs n'ont paru que sous l'empire, lorsqu'ayant passé par tous les degrés de gloire et d'infortune, de tyrannie et de servitude, le peuple romain n'avait plus tant à se vanter, et que le temps des vérités sévères était enfin arrivé. Je parlerai plus tard de César, de Plutarque et de Tacite, véritables philosophes de l'histoire ; il ne s'agit aujourd'hui que des historiens qui se sont illustrés à la fin de la république et au commencement de l'empire.

Salluste occupe à cette époque une place importante. S'il ne fut pas homme recommandable, il fut écrivain distingué, et le récit de la conspiration de Catilina, de la guerre de Jugurtha, ainsi que ses fragmens sur Marius et Sylla, attestent une grande capacité. L'amour de la liberté, de la gloire, de la patrie et des mœurs simples, respire dans ses écrits; mais cet ami de la liberté fut le complaisant officieux de César; cet ami de la gloire s'enrichit aux dépens de l'état; cet ami des mœurs enlevait à Cicéron sa femme Terentia; cet ami de la patrie, ardent complice de Catilina, écrivit son histoire pour l'exalter en ayant l'air de le blâmer, et pour protester, dans cette grande circonstance, contre les services du consul par un silence affecté sur le rôle important qu'il remplit, et dont le sénat et le peuple l'avaient remercié pas des statues.

Comme écrivain, Salluste a tracé des tableaux énergiques; son style concis et vigoureux a une teinte particulière de force qui résulte moins encore du fond des pensées que de la manière tout-à-fait nouvelle dont il emploie des mots presqu'insignifians chez les autres. *Verùm enim verò, comites, victoria nobis in manu est*, dit Catilina aux conjurés : ces trois adverbes seront-ils traduits fidèlement? il faudra que la phrase française dise, *mais car, mais, compagnons;* ou, ce qui serait plus sonore : *cependant, néanmoins, pourtant, compagnons.* On voit qu'il faut renoncer à la traduction; et cependant, j'en appelle au lecteur de

Salluste, la phrase latine n'est-elle pas pleine d'énergie et d'expression ?

C'est une belle page, dans Salluste, que celle où Catilina, sortant de Rome et se joignant à quelques soldats de l'armée de Mallius, fait tête à l'orage et combat vaillamment jusqu'au dernier soupir. Cette fin tragique du guerrier trouvé loin des siens étendu mort sur un monceau de cadavres ennemis, était digne d'un grand homme, et l'on est tenté de l'envier au conspirateur [1].

Plus brillant, plus poétique, également plein de beaux récits et de beaux discours, Tite-Live a

---

[1] Crispus Sallustius était né à Amiterne, ville d'Italie, l'an 85 avant J. C. Il était tellement perdu de mœurs qu'il fut noté d'infamie et dégradé du rang de sénateur. Il fut même surpris en adultère, fouetté et condamné à une amende. Il embrassa le parti de Jules-César, qui le remit au nombre des sénateurs. Cet empereur le nomma gouverneur de Numidie, où Salluste amassa des richesses immenses par toutes sortes de rapines. Il fit ensuite bâtir à Rome une maison magnifique, et construire des jardins superbes, qui ont conservé le nom de *jardins de Salluste*. Plusieurs auteurs affirment que Salluste, en étalant dans ses écrits un langage sévère et des mœurs austères, ne voulut qu'en imposer à ses lecteurs. Cependant, à part ses déréglemens, son style est plein de force et d'énergie ; il est souvent cité pour modèle. Son discours de Catilina aux conjurés a été placé dans beaucoup d'ouvrages et mis plusieurs fois en scène sous différens noms. En voici une imitation, ou pour mieux dire une traduc-

mérité d'être placé, pour le style, à côté de Cicéron lui-même par beaucoup de rhéteurs. Quintilien, entr'autres, le présente pour modèle à tous les amis de l'éloquence. Pourquoi faut-il que cet historien ait mieux aimé chanter le peuple romain comme un poète, que de le juger avec profondeur et vérité ? Entre les héros de Rome, il tient encore la balance d'une main assez ferme ; mais Rome a-t-elle un ennemi ? cet ennemi, quel qu'il soit, est un ignorant, un barbare ; Annibal même, ce grand capitaine, mérite à peine qu'on l'estime. Rien d'étranger n'est recommandable, et, jusqu'aux superstitions les plus

---

tion fidèle, que nous lisons dans le *Manlius* de Lafosse ; c'est le récit que fait Rutile à Manlius et à Servilius :

RUTILE.

...... Avec nous tout semble conspirer ;
A l'effet de nos vœux il n'est plus de remise.
En arrivant chez moi, quelle heureuse surprise !
J'ai trouvé ceux du peuple à qui de nos projets
Je puis en sûreté confier les secrets :
Eux-mêmes ils venoient, au bruit du sacrifice,
M'avertir qu'il falloit saisir ce temps propice.
Tout transporté de joie, à voir qu'en ses besoins
Leur zèle impatient eût prévenu mes soins :
Oui, chers amis, leur dis-je, oui, troupe magnanime,
Le destin va remplir l'espoir qui vous anime.
Tout est prêt pour demain ; et, selon nos souhaits,
Demain le consulat est éteint pour jamais.
De nos prédécesseurs quelle fut l'imprudence,
Qui, détruisant d'un roi la suprême puissance,
Sous un nom moins pompeux, se sont fait deux tyrans,

grossières, dans la patrie de Tite-Live tout est auguste et sacré. A la vérité, il prévient, dans ses premières pages, que les commencemens de Rome sont obscurs ; mais il ne les retrace pas moins avec complaisance. Si le fait est trop impossible à croire, comme il arrive lorsque l'augure Navius

---

Qui, pour nous accabler, sont changés tous les ans,
Et qui tous, l'un de l'autre héritant de leurs haines,
S'appliquent tour-à-tour à resserrer nos chaînes !
Tels et d'autres discours redoublant leur fureur,
Je crois devoir alors leur ouvrir tout mon cœur,
Leur marquer nos apprêts, nos divers stratagêmes,
Appuyés en secret par des sénateurs mêmes ;
Ce que devoient dans Rome exécuter leurs bras,
Tandis qu'au Capitole agiroient vos soldats ;
Les postes à surprendre, et d'autres qu'on nous livre,
Les forces qu'on aura, les chefs qu'il faudra suivre,
En quels endroits se joindre, en quels se séparer,
Tous ceux dont par le fer on doit se délivrer,
Les maisons des proscrits que, sur notre passage,
Nous livrerons d'abord à la flamme, au pillage :
Qu'une pitié sur-tout, indigne de leur cœur,
A nos tyrans détruits ne laisse aucun vengeur.
Femmes, pères, enfants, tous ont part à leurs crimes,
Tous sont de nos fureurs les objets légitimes.
Tous doivent... Mais, seigneur, d'où vient qu'à ce récit
Votre visage change et votre cœur frémit ?

SERVILIUS.

Oui. Si près d'accomplir notre grande entreprise,
Je frémis à vos yeux de joie et de surprise ;
Et mon cœur moins ému ne croiroit pas, seigneur,
Sentir, autant qu'il doit, un si rare bonheur.

RUTILE.

Excusez mon erreur, et m'écoutez. J'ajoute :
Ils n'ont de nos desseins ni lumière ni doute

coupé un caillou avec un rasoir, Tite-Live prend un juste milieu : par son étonnement sur ce fait, il semble caresser les incrédules, mais, dans la phrase qui suit, il se raccommode avec les augures, en faisant l'éloge des choses et des hommes qu'il y aurait quelque péril à braver.

> Il faut qu'en ce repos où s'endort leur orgueil
> La foudre les réveille au bord de leur cercueil.
> Et lorsqu'à nos regards les feux et le carnage
> De nos fureurs par-tout étaleront l'ouvrage ;
> Du fruit de nos travaux tous ces palais formés,
> Par les feux dévorants pour jamais consumés ;
> Ces fameux tribunaux où régnoit l'insolence,
> Et baignés tant de fois des pleurs de l'innocence,
> Abattus et brisés, sur la poussière épars,
> La terreur et la mort errant de toutes parts ;
> Les cris, les pleurs, enfin toute la violence
> Où du soldat vainqueur s'emporte la licence ;
> Souvenons-nous, amis, dans ces moments cruels,
> Qu'on ne voit rien de pur chez les foibles mortels ;
> Que leurs plus beaux desseins ont des faces diverses,
> Et que l'on ne peut plus, après tant de traverses,
> Rendre, par d'autre voie, à l'état agité,
> L'innocence, la paix, enfin la liberté.
> Chacun, à ce discours, qui flatte son audace,
> Sur son espoir prochain s'applaudit et s'embrasse.
> Chacun, par mille vœux, en hâte les moments,
> Et pour vous, à l'envi, fait de nouveaux serments.

Salluste mourut méprisé des gens de bien, l'an 35 avant J. C. Il fut dénoncé à César (Jules) comme concussionnaire ; mais il ne fut pas poursuivi. On prétend même que cet empereur se contenta de recevoir personnellement une partie des trésors de Salluste.   (T.)

Les harangues de Tite-Live sont belles, comme études littéraires ; mais les harangues font l'orateur, et non l'historien. Lorsque La Harpe cite des discours de tous les auteurs qui ont écrit l'histoire, au lieu de citer des faits vrais, et de montrer la manière dont ils sont racontés, il ne fait que choisir, pour exemples, ce qui est sûrement faux dans des ouvrages dont le plus grand mérite doit résider dans la vérité ; ainsi nous lirons dans Tite-Live que Scipion et Annibal, le jour de la bataille de Zama, ont une entrevue, et tiennent un discours qui, dans Polybe, sera complètement différent : c'est que le fait est vrai, et que les discours ne le sont pas. Il serait même quelquefois absurde de les supposer aussi éloquens que nous pouvons les lire, car ce serait un miracle de voir tous les guerriers être régulièrement de célèbres orateurs. Ne sourit-on pas en lisant dans Salluste ce beau discours de Marius, qui dit avec une admirable éloquence que l'éloquence lui est étrangère ? Ne rit-on pas aussi en lisant dans Quinte-Curce ce discours du Scythe à Alexandre, éternellement répété, éternellement offert pour modèle, et qui n'est véritablement qu'une amplification de collége, dans laquelle l'auteur, le guerrier Scythe, déclare d'abord que le peuple scythe est paisible, livré aux travaux de la terre, qu'il n'a jamais tenté d'injustes invasions ; mais que, si on le menace, il saura résister, car il est vaillant; affirmant alors qu'il a porté ses armes chez tous les peuples, depuis le Tanaïs jusqu'à l'Egypte[1].

Ces premiers historiens ont rapporté les actions

---

[1] Jamais histoire ne fut plus remplie de contes absurdes et de fables insensées que celle de Tite-Live. Ici c'est un bœuf qui a parlé ; là c'est une mule qui a engendré ; ailleurs les hommes deviennent femmes et les femmes deviennent hommes. Ce sont des pluies de cailloux, de chair, de sang, de craie ou de lait, et autres événemens de cette nature. Mais il y a lieu de croire que l'auteur ne rapportait ces mensonges que pour se conformer aux traditions reçues de son temps ; car avec ces récits ridicules on trouve les plus sages maximes pour la conduite de la vie. De notre temps, ne voyons-nous pas de telles absurdités répétées, imprimées et vendues ? Notre histoire de France n'est-elle pas elle-même remplie de telles frivolités ? Eh bien, Tite-Live a sacrifié aux préjugés et aux sottises de son époque.

Il était né à Padoue, et y mourut l'an 17 de J. C., le même jour qu'Ovide. Il fut l'ami d'Auguste. L'histoire qu'il écrivit se composait de cent-quarante livres : il ne nous en reste que trente-cinq ; encore ne se suivent-ils pas. On rapporte qu'un Espagnol, après la lecture de l'histoire de Tite-Live, vint exprès de Cadix à Rome pour le voir, et s'en retourna aussitôt après l'avoir vu. Saint Jérôme, dans une lettre adressée à Paulin, dit : « C'était sans doute une chose bien extraordinaire qu'un étranger, entrant dans une ville telle que Rome, y cherchât autre chose que Rome même. » Tite-Live excelle à exprimer les sentimens doux et touchans, et nul historien n'est plus pathétique.   (T.)

des hommes; mais leur esprit a manqué de profondeur pour les juger, et c'est moins encore leurs ouvrages que ceux des historiens suivans qui ont servi d'étude à tant d'auteurs remarquables des temps modernes.

Cependant la lecture de Tite-Live est loin d'avoir été sans influence sur nos littérateurs et nos poètes nationaux; c'est souvent dans ses écrits, aussi bien que dans ceux de Tacite, que le père de la tragédie française a puisé ces beaux caractères qui nous ont donné une idée véritable de l'énergie romaine. Écoutons Sertorius s'adressant à Pompée :

> Quant à l'heureux Sylla, je n'ai rien à vous dire :
> Je vous ai montré l'art d'affoiblir son empire ;
> Et si je puis jamais y joindre des leçons
> Dignes de vous apprendre à repasser les monts,
> Je suivrai d'assez près votre illustre retraite
> Pour traiter avec lui sans besoin d'interprète ;
> Et sur les bords du Tibre, une pique à la main,
> Lui demander raison pour le peuple romain.
> . . . .
> Je n'appelle plus Rome un enclos de murailles
> Que ses proscriptions comblent de funérailles ;
> Ces murs, dont le destin fut autrefois si beau,
> N'en sont que la prison, ou plutôt le tombeau.
> Mais, pour revivre ailleurs dans sa première force,
> Avec les faux Romains elle a fait plein divorce ;
> Et, comme autour de moi j'ai tous ses vrais appuis,
> Rome n'est plus dans Rome, elle est toute où je suis.

On a beaucoup parlé du *qu'il mourût* du vieil Horace de Corneille ; c'est le caractère romain dans toute son âpreté.

> Tout beau, ne les pleurez pas tous ;
> Deux jouissent d'un sort dont leur père est jaloux.
> Que des plus nobles fleurs leur tombe soit couverte ;
> La gloire de leur mort m'a payé de leur perte :
> Ce bonheur a suivi leur courage invaincu,
> Qu'ils ont vu Rome libre autant qu'ils ont vécu,
> Et ne l'auront point vue obéir qu'à son prince,
> Ni d'un état voisin devenir la province.
> Pleurez l'autre, pleurez l'irréparable affront
> Que sa fuite honteuse imprime à notre front ;
> Pleurez le déshonneur de toute notre race,
> Et l'opprobre éternel qu'il laisse au nom d'Horace.

JULIE.

Que vouliez-vous qu'il fît contre trois ?

LE VIEIL HORACE.

> Qu'il mourût !
> Ou qu'un beau désespoir alors le secourût :
> N'eût-il que d'un moment reculé sa défaite,
> Rome eût été du moins un peu plus tard sujette ;
> Il eût avec honneur laissé mes cheveux gris ;
> Et c'étoit de sa vie un assez digne prix.

On s'est écrié d'admiration à cette sublime réponse : *qu'il mourût ;* on en a fait un tel cri de gloire et d'enthousiasme que personne n'a pu supporter la lecture des vers qui suivent. J'avoue que je ne suis nullement de cet avis. Ce *qu'il mou-rût*, qui sort du cœur d'Horace, et que l'on crie au théâtre français, je ne sais pourquoi, est un mouvement simple et naturel pour l'ame de ce vieillard. Pour nous, ce serait de l'exaltation, de l'exagération même ; pour Horace, c'est la voix du patriotisme sans effort, sans excès; et s'il dit : qu'il mourût, c'est qu'il croit réellement que son fils aurait mieux fait de mourir. Le mérite de Corneille n'est pas d'avoir trouvé un mot extraordinaire, comme l'acteur semble le croire, c'est d'avoir peint avec vérité un caractère si romain qu'un tel mot dans sa bouche n'est que l'expression de la nature.

La vérité historique, assez mal observée par les historiens d'autrefois, ne l'a pas mieux été par les modernes : nous aurons l'occasion de faire remarquer combien on s'est plu à dissimuler les fautes des plus grands hommes, de ce roi si grand, si magnanime, d'Henri IV, par exemple, de peur d'altérer sa renommée de bon roi ; combien on a craint d'être accusé de justifier la tyrannie, en attribuant à Louis XI de grandes actions qu'il a réellement faites, et de l'ordre qu'il a établi ; combien on a mis de timidité à rappeler les égaremens superstitieux de saint Louis, et ses terribles lois contre les blasphémateurs, de peur d'altérer par ce récit la gloire si noble et si belle du roi qui, sous l'arbre de Vincennes, condamnait le duc d'Anjou, son frère, et rendait justice au dernier paysan de la forêt.

Ainsi pourtant devrait faire l'histoire, disant également le bien et le mal, et jugeant tous les hommes par leurs actes, sans les faire exclusivement bons ou exclusivement méchans. Je veux savoir qu'avant d'être un monstre de cruauté, Néron avait refusé de signer une sentence de mort, et s'était écrié : Je voudrais ne pas savoir écrire ! La bonté de Titus ne m'empêchera pas d'observer les dispositions cruelles de son enfance, et de suivre l'homme dans le développement de son caractère, depuis l'époque où, encore adolescent, il fut flétri du surnom de *nouveau Néron*, jusqu'à ces jours heureux où la reconnaissance du peuple l'appela les *délices du genre humain*. Avec Octave, livrant à ses deux complices la tête de Cicéron son bienfaiteur, et noyant Pérouse dans des flots de sang, je m'indignerai vivement ; et plus tard je saurai apprécier la clémence d'Auguste. L'histoire m'aura présenté l'homme tel qu'il était, ou plutôt les deux hommes réunis en un seul ; et j'applaudirai cette épitaphe écrite sur le mausolée d'Auguste :

Ci-gît un Triumvir perfide,
Octave, qui, de sang avide,
Sur Rome fit planer la mort.
Ci-gît un Empereur plus juste,
Qui reçut le doux nom d'Auguste
Et de Rome embellit le sort.
Des méchants croyant le connaître
Diront : C'est le même à nos yeux.
Et vous, le cœur touché, peut-être,
Des remords qu'il a fait paraître,
Vous direz : Non, ils furent deux.

Je me résume. L'histoire, comme on nous l'enseigne, ne me paraît point être telle que nous devons l'étudier dans le siècle où nous sommes. Il ne s'agit pas de savoir, en consultant les annales des peuples, si l'homme qui nous les offre est plus ou moins éloquent, mais si ses récits sont vrais, si les faits et les caractères qu'il nous retrace sont les faits et les caractères réels, et s'ils peuvent et doivent servir les hommes, en portant l'expérience du passé dans la science de l'avenir.

Renonçons alors de bonne grâce à cette fondation de Rome par un Romulus, mot qui ne veut dire autre chose que *fondateur*, par un Numa, qui ne signifie que *législateur*. On sait bien que la première nécessité est de fonder une ville, et la seconde de lui donner des lois. Ce premier roi, qui disparaît dans un nuage, et qu'un témoin assure avoir vu monter aux cieux ; ce second roi, qu'une nymphe Égérie a instruit dans l'art du gouvernement, seraient dignes de tout le charme des fictions poétiques ; mais l'histoire reculée ne doit agir et procéder que par preuves ; ses preuves sont des monumens, et, lorsque nous nous rappelons que les deux premiers monumens de ces Romains braves et superstitieux furent le Capitole et le temple de Jupiter, nous pouvons assigner comme première et sûre époque les jours où Tarquin l'Ancien paya ce tribut au caractère du peuple pieux et guerrier dont il était le roi [1].

Un coup-d'œil investigateur jeté sur l'histoire de Rome nous révélera, dans le temple circulaire de Vesta, les restes de cette antique religion de l'Égypte, qui enseignait, comme nous le croyons nous-mêmes, que le feu est le centre et le principe de l'univers matériel. Non que nous supposions, sur la foi d'Ovide, que ce Numa, second roi de Rome, ou celui que l'histoire désigne sous ce nom, ait pu être élève de Pythagore ; cette erreur, excusable dans un poète, serait impardonnable dans

---

[1] Rome fut fondée vers l'an 752 avant J. C. Numa est indiqué par différens historiens comme régnant l'an 714 avant J. C. Son histoire, vraie ou fausse, est longuement rapportée par Plutarque, qui a écrit également celle de Romulus. (T.)

l'historien, qui doit savoir que Pythagore ne parut qu'environ un siècle après Numa.

En politique, en législation, en jurisprudence, l'histoire romaine nous paraîtra digne d'éclairer l'univers ; le moyen âge, les temps modernes se montreront encore pleins de cette législation aussi durable que les siècles. Ardente et forte sous la république, la littérature se montrera à nos yeux plus douce, plus brillante, plus poétique sous Auguste, et nous apprécierons la langue noble et harmonieuse de ces hommes dont les pensées, les lois, les actions et les mœurs, nous avaient déjà semblé dignes de tant d'intérêt.

Ne craignons donc pas de nous livrer à l'étude de l'histoire, et qu'elle termine notre examen de ces temps antiques ; par elle, nous aurons des modèles et des leçons qu'aucun peuple, qu'aucune époque ne doivent dédaigner. Si l'homme pouvait ajouter plusieurs vies à la sienne, il serait plus sage assurément, car l'expérience de la première servirait de guide à toutes les autres ; mais les générations passent et s'écoulent, les nations se renouvellent, et leurs actions, consignées dans des récits fidèles, sont le seul héritage qui puisse profiter à la postérité. Aimons, aimons l'histoire, et soyons sûrs d'être meilleurs par elle ; les rois, en la lisant, sauront que les tyrans qu'elle a flétris ont des juges sévères, et se sont condamnés à une déplorable immortalité; les peuples sauront se préserver de passions funestes, et marcher dans la route de la modération et de la vertu. Par l'histoire, malgré la mort de Socrate et la défaite de Léonidas, la vertu triomphera de la calomnie, et nous répéterons avec Sparte : « Ils sont morts aux Thermopyles pour obéir aux saintes lois de la patrie. »[1] L'histoire, en élevant les grandes actions et les beaux caractères, en nous montrant les services rendus par le génie d'un homme à tous les hommes, par le dévouement d'un citoyen à tous les citoyens, nous indiquera nos devoirs et nous révélera nos droits; au-delà de ces devoirs, au-delà de ces droits, il n'y a que confusion et qu'anarchie. Ainsi le phare lumineux du rivage semble dire au vaisseau lointain : c'est ici qu'il faut diriger ta course ; crains les écueils, et viens à moi.

---

[1] Ce trait d'héroïsme eut lieu l'an 480 avant J. C. L'armée des Perses était, dit-on, forte de 1,500,000 hommes. Ils avaient déjà traversé la Thrace, conquis la Thessalie, et se disposaient à entrer en Grèce par le passage des Thermopyles, où fut placé Léonidas avec 300 Spartiates; 4000 hommes d'autres troupes l'accompagnaient. Ils y périrent tous. Un moment avant l'action, on vint dire à ce général que les ennemis étaient tellement nombreux que le ciel était obscurci de la grêle de leurs traits : *Tant mieux*, répondit-il, *nous combattrons à l'ombre !* (T.)

Ainsi, sur le sommet glacé des Alpes, quelques poteaux, s'élevant au milieu des neiges qui couvrent la terre, se suivent et se correspondent pour indiquer la route au voyageur solitaire. Ces obélisques silencieux marquent de loin le chemin du salut; s'égarer autour d'eux, errer au hasard, ce serait vouloir chercher les dangers et les précipices. Telle est l'expérience pour l'homme sage; telle est l'histoire pour les peuples éclairés.

NEUVIÈME SOIRÉE.

DES LETTRES SOUS LES EMPEREURS.

Térence, Plaute, Sénèque, Quintilien, les deux Pline, Tacite, Plutarque.

Le vaste cadre tracé devant moi ne permet pas de m'arrêter à des réputations secondaires ; La Harpe lui-même ne désigne qu'en passant Denys d'Halicarnasse, Diodore de Sicile, Gallus, Stace, Silius Italicus, Suétone, Dion, et une foule d'autres noms qui, n'étant pas, dans divers genres, les premiers modèles à citer, réclameraient un temps que la rapidité de nos séances me permet seulement de consacrer aux principaux génies. C'est ainsi que, malgré son mérite, César et ses commentaires ne m'ont point occupé ; c'est un fragment historique noble, brillant, mais dont on ne peut tirer aucune considération générale [1].

---

[1] Denys naquit à Halicarnasse, ville de Carie ; c'était aussi la patrie d'Hérodote. Il la quitta vers l'an 30 avant J. C., pour

Trois hommes m'occuperont aujourd'hui de préférence à tous les autres, parce qu'il me paraît utile d'en conseiller la lecture assidue à tous ceux qui m'écoutent; ces trois hommes sont Quintilien, Tacite et Plutarque. Je parlerai d'abord des deux derniers; mais, avant de les faire connaître, jetons un coup d'œil rapide sur cette époque de l'histoire littéraire de Rome.

venir à Rome étudier la langue latine. Il y resta 22 ans, et écrivit en grec l'histoire des antiquités romaines. Cette histoire était composée de vingt livres, dont il ne nous reste que quelques-uns. Il avait aussi composé un traité de l'arrangement des mots. Denys est généralement considéré comme un compilateur d'antiquités et non comme un véritable historien. Il figure parmi les écrivains grecs. Plutarque, qu'on ne peut jamais trop consulter, le réfute dans quelques passages.

Diodore était d'Agyre, ville de Sicile. Il écrivit sous Jules-César et sous Auguste. On a de lui une partie de sa Bibliothèque historique, qui lui coûta, dit-on, trente ans de travail. Elle contenait l'histoire des Egyptiens, Syriens, Mèdes, Perses, Grecs, Romains et Carthaginois. Il écrivit aussi en grec. Son style n'est pas très-estimé. Sa Bibliothèque historique est remplie de fables et de puérilités. Il a mis aussi dans la bouche de ses héros beaucoup de harangues qui probablement n'ont jamais été prononcées.

Gallus était un poète élégiaque. Il fut l'ami de Virgile, qui lui adressa sa Xe Églogue, pour le consoler de la perte de sa maîtresse; elle nous rappelle ce vers:

Omnia vincit amor, et nos cedamus amori.

NEUVIÈME SOIRÉE.

Les esprits graves de la république avaient acquis enfin un langage digne de servir d'interprète à l'éloquence et à la poésie. Après la liberté perdue, il restait un espoir de gloire ; après les succès politiques, les succès littéraires se présentaient, pour éviter à l'homme la chute pénible par laquelle il serait tombé trop brusquement dans la servitude. Des écrivains brillèrent ; ils furent poètes aimables,

---

Octave s'attacha Gallus pendant les guerres civiles, et le nomma ensuite préfet d'Égypte ; mais celui-ci commit tant de rapines qu'il fut rappelé à Rome et condamné à l'amende et à l'exil. Ne pouvant supporter cette peine, Gallus se poignarda. Il était né à Fréjus, l'an 69 avant J. C. Il avait 43 ans quand il mourut. Il reste fort peu de poésies de cet auteur.

Silius Italicus fut aimé de Domitien, en faveur duquel on prétend qu'il fit le métier de délateur. Il fut d'abord avocat, puis il se fit poète. On l'a appelé le *singe de Virgile*. Il a écrit un poème intitulé : Deuxième guerre punique. Il ne fut qu'un mauvais imitateur. Son livre a été découvert très-récemment, et imprimé pour la première fois en 1740. Parvenu à l'âge de 75 ans, au commencement du règne de Trajan, il se laissa mourir de faim, ne pouvant supporter la douleur d'un clou qui le faisait beaucoup souffrir.

Suétone avait été secrétaire d'Adrien (cousin, fils adoptif et successeur de Trajan). On prétend que cet empereur lui retira son emploi parce qu'il s'aperçut qu'il existait quelqu'intelligence entre son secrétaire et l'impératrice Sabine. D'autres historiens disent qu'il fut renvoyé parce qu'il manqua d'égards envers cette princesse. Suétone a écrit un catalogue des hommes illustres de

historiens intéressans ; mais les philosophes, les penseurs devaient arriver, devaient se montrer seulement sous l'empire. La lecture attentive de Tacite et de Plutarque profita plus aux hommes et aux peuples que celle de tous les littérateurs qui les avaient précédés.

Que dire, en effet, de Lucrèce et de son poëme sur la nature des choses ? Est-ce un philosophe qui parle, est-ce un poète ? Ni l'un ni l'autre. Non que son livre ne contienne de grandes vérités et de beaux vers ; mais la poésie, prêtant ses couleurs à un système philosophique, abdique sa nature et s'égare dans l'impossible. Existât-il au monde un système qui pût l'inspirer, ce ne serait point le

---

Rome, une histoire des rois de Rome, un livre sur les jeux grecs, une vie des douze Césars. Son style n'est pas pur.

Dion (Chrysostôme) fut le protégé de Nerva et de Trajan. Il reste de lui quatre-vingt-dix discours écrits en langue grecque. Il fut sophiste, puis philosophe. Il donna à Vespasien le conseil de rétablir la république romaine ; mais celui-ci ne le suivit pas. Dion mourut dans un âge très-avancé.

César (Caïus-Julius) naquit à Rome, 100 ans avant J. C., ou 654 ans de la fondation. Comme historien, César a écrit des commentaires sur la guerre des Gaules et sur les guerres civiles. Henri IV a traduit les cinq premiers livres des commentaires, et Louis XIV le premier seulement. Le manuscrit de Henri IV existe encore à la bibliothèque du Roi. Mes notes n'étant que littéraires, je ne parlerai pas de la vie politique de

matérialisme. Cette opinion d'Épicure, généralement adoptée à Rome, fit la fortune du poème de Lucrèce; et sa réputation diminua lorsque Cicéron, qui avait balancé dans son esprit toutes les probabilités philosophiques, qui avait approfondi les principes de toutes les sectes, se prononça enfin pour ceux de Platon. Il faut suivre, dans les ouvrages entiers de Cicéron, ce développement de la pensée. Dans son résumé impartial, l'orateur romain, ne professant lui-même en apparence aucune opinion particulière, les évoque toutes, les compare, les juge, et conclut, en se prononçant avec conscience, d'après les raisons qui lui semblent être les meilleures [1]. Cet examen approfondi n'était pas

---

César; ses talens, ses exploits sont détaillés dans tous les historiens. Il fut assassiné l'an 44 avant J. C., par un parti de soixante sénateurs, à la tête desquels étaient Brutus et Cassius. Il ne faut pas confondre Brutus (Marcus-Junius) dont je viens de parler, avec Brutus (Lucius-Junius) qui condamna ses enfans à mort, et dont il a déjà été question dans le cours de cet ouvrage.   (T.)

[1] Pour faire connaître quelques-unes des pensées de Cicéron sur la divinité, je vais transcrire ici quelques passages de son livre *de naturâ deorum*:

« Peut-on regarder le ciel, et contempler tout ce qui s'y passe, sans voir, avec toute l'évidence possible, qu'il est gouverné par une suprême, par une divine intelligence?

« Quiconque auroit quelque doute là-dessus, je crois qu'il

inutile. Lucrèce était à la mode; les esprits éclairés ne croyaient plus à la mythologie; Rome ayant perdu ses dieux, les Romains dirent: il n'y a pas de dieux, et l'on se jeta commodément vers

---

pourroit aussitôt douter s'il y a un soleil. L'un est-il plus visible que l'autre? Cette persuasion, sans l'évidence qui l'accompagne, n'auroit pas été si ferme et si durable; elle n'auroit pas acquis de nouvelles forces en vieillissant; elle n'auroit pu résister au torrent des années, et passer de siècle en siècle jusqu'à nous. Tout ce qui n'étoit que fiction, que fausseté, nous voyons que cela s'est dissipé à la longue. Personne croit-il encore aujourd'hui qu'il y eut jamais un Hippocentaure, une Chimère? Les monstres horribles qu'on se figuroit anciennement dans les enfers, font-ils encore peur à la vieille la plus imbécille du monde? Avec le temps, les opinions des hommes s'évanouissent, mais les jugemens de la nature se fortifient. De-là il arrive parmi nous et parmi les autres peuples, que le culte divin et les pratiques de religion s'augmentent, et s'épurent de jour en jour. »

« Une très-forte preuve de l'existence des dieux, c'est qu'il n'y a point de peuple assez barbare, point d'homme assez farouche, pour n'avoir pas l'esprit imbu de cette opinion. Plusieurs peuples, à la vérité, n'ont pas une idée juste des dieux: ils se laissent tromper à des coutumes erronées: mais enfin ils s'entendent tous à croire une puissance divine, un être suprême. Et ce n'est point une croyance qui ait été concertée; les hommes ne se sont point donné le mot pour l'établir: leurs lois n'y ont point de part. Or, dans quelque matière que ce soit, le consentement de toutes les nations doit se prendre pour loi de la nature. »

« Qu'il y ait un être supérieur, qui subsistera toujours, et qui mérite le respect et l'admiration des hommes, c'est de quoi

NEUVIÈME SOIRÉE. 217

l'athéisme. C'est l'histoire des nations : l'absurde leur est-il enlevé, l'esprit, par une réaction rapide, se précipite dans l'absurde contraire. Il faut du temps, du calme et de l'étude, pour le

---

la beauté de l'univers et la régularité des astres nous forcent de convenir. On doit par conséquent nourrir et répandre une religion éclairée, mais en même temps extirper toute superstition. Vous ne sauriez faire un pas que celle-ci ne vous poursuive, et ne se présente à vous. Un devin, un présage, un sacrifice, le vol de quelque oiseau, la rencontre d'un Chaldéen ou d'un aruspice, un éclair, le bruit du tonnerre, la foudre tombée du ciel, quelque production de la terre, ou quelque événement qui paroît tenir du prodige, tout suffit au superstitieux pour s'alarmer ; et nécessairement il en trouvera des occasions si fréquentes, que son esprit ne sera jamais tranquille. »

« Que des hommes qui vivent en société, commencent donc par croire fermement qu'il y a des dieux maîtres de tout, et qui gouvernent tout ; qui disposent de tous les événemens ; qui ne cessent de faire du bien au genre humain ; dont les regards démêlent ce que chacun est, ce que chacun fait, tout ce qu'on se permet à soi-même, dans quel esprit, avec quels sentimens on professe la religion ; et qui mettent de la différence entre l'homme pieux et l'impie.

« Peut-on nier que ces sentimens-là ne soient d'une grande utilité, lorsqu'on voit dans combien d'occasions le serment est le sceau de nos paroles ; pour combien la religion entre dans la foi de nos alliances ; combien de crimes la crainte d'une punition divine a détournés ; et combien est sainte une société d'hommes persuadés qu'ils ont au milieu d'eux, et pour juges et pour témoins, les dieux immortels ? »   (T.)

ramener dans la voie de la raison, de la justice, de la vérité[1].

---

[1] Lucrèce n'est point généralement connu, et cet écrivain a la réputation, malheureusement acquise, d'avoir célébré le matérialisme. C'est à tort : Lucrèce s'est moqué des dieux du paganisme, dont il reconnaissait l'absurdité et le ridicule ; mais il n'a jamais dit qu'il n'y avait point de dieu. Certes, si cet auteur avait ainsi prêché le néant, Louis XVIII n'eût pas accepté la dédicace de la belle traduction qu'en a publié M. de Pongerville. Quelle est la morale de Lucrèce ? Écoutons-le s'exprimer sur les tourmens réservés au crime :

> Non, le crime jamais n'échappe à la vengeance.
> Le crime à chaque pas est suivi par l'effroi ;
> Il sent peser sur lui le glaive de la loi.
> Dût-il tromper les yeux du juge redoutable,
> Les tourmens des enfers sont dans un cœur coupable ;
> En vain il se confie au secret protecteur,
> Le mal conduit au mal, et punit son auteur.

Méconnaît-il l'existence de Dieu, celui qui place ainsi les remords au fond du cœur du méchant ? Lucrèce reconnaît une ame universelle qui répond à l'idée que nous nous formons de l'Être suprême. Ainsi ce poète célèbre doit être réhabilité dans l'esprit de tous les hommes de bien. On cite ordinairement de Lucrèce la partie de son poème où il décrit la peste d'Athènes. Nous allons ici la transcrire, pour en faire connaître les beautés :

> Tel, du fond de l'Égypte aux murs de Pandion,
> Plana le monstre affreux de la contagion ;
> Enfanté dans le sein de ces plaines fécondes,
> Il s'élève, il franchit et les cieux et les ondes,
> Sur la triste cité descend du haut des airs,
> Dépeuple ses remparts, et rend ses champs déserts :
> Comme un nuage obscur, sa vapeur infectée
> Couvre des citoyens la foule épouvantée.

NEUVIÈME SOIRÉE. 219

Le théâtre romain, si on le compare à celui de
la Grèce, mérite à peine d'être cité. Le genre tra-

> Du mal inévitable avant-coureur affreux,
> Dans la tête s'embrase un foyer douloureux ;
> Les yeux étincelans sortent de leur orbite ;
> Le gosier ulcéré se dessèche et s'irrite,
> De brûlantes tumeurs enflamment ses canaux,
> Et d'un sang noir, fétide, ils expulsent les flots.
> La langue, des pensers cet agile interprète,
> Par la soif consumée, est sanglante et muette ;
> Elle brûle et s'attache au palais déchiré ;
> Auprès du cœur flétri dès qu'il a pénétré,
> Le fléau destructeur l'entoure avec furie,
> Et brise tout-à-coup les ressorts de la vie.
> La bouche ardente exhale une immonde vapeur ;
> D'un cadavre exhumé telle est l'affreuse odeur.
> L'ame, de tant de maux à la fois menacée,
> Au devant de la mort déjà s'est élancée ;
> Et la nuit et le jour, les longs gémissemens,
> Les cris des malheureux augmentent leurs tourmens.
> Des membres, harassés par la fièvre accablante,
> La surface au toucher n'est point encor brûlante ;
> Mais le corps rougissant, d'ulcères dévoré,
> Dans ses flancs corrompus couve le feu sacré :
> Il n'est plus qu'une horrible et vivante fournaise ;
> Tout redouble ses maux, tout l'irrite et lui pèse :
> Les plus légers tissus sont d'énormes fardeaux,
> Et le venin rongeur brûle et dissout les os.
> Se traînant au milieu de la foule mourante,
> L'un, aux bords des ruisseaux, vient la bouche béante ;
> De sueur écumant, par la douleur pressé,
> L'autre se plonge nu dans le fleuve glacé ;
> Mais une onde abondante, une goutte insensible,
> Trompent également leur soif inextinguible.
> La douleur, la douleur, et jamais de repos !
> La nature succombe à ces nombreux assauts ;
> Tous les secours sont vains..... La science éperdue
> N'aperçoit de leurs maux que l'horrible étendue.
> Le sommeil fuit loin d'eux ; épouvantés, hagards,

gique n'est qu'une pâle copie de la Grèce; mais le comique a mieux réussi. Térence ne manque pas

---

Brillent pendant les nuits leurs horribles regards;
Du plus hideux trépas leur corps porte l'empreinte;
Il tressaille, il frémit de fureur et de crainte;
Le sourcil se hérisse,..... invincible tourment,
Dans l'oreille résonne un aigre sifflement.
L'haleine entrecoupée, à la fois vive et lente,
Péniblement s'enfuit de la bouche sanglante,
Et sur le cou ruisselle une gluante humeur;
Du gosier, déchiré par l'impure tumeur,
Après de longs efforts, une toux convulsive
Arrache à flots jaunis une ardente salive.
La mort vient par degrés; la main s'ouvre, s'étend;
Chaque nerf irrité se glace en palpitant;
Du corps livide et froid s'endurcit l'épiderme,
Le nez penche affilé, la narine se ferme,
Le front tendu descend sur les yeux sombres, creux,
Et la bouche se fronce avec un rire affreux.
Ils expirent;..... pour eux sonne l'heure dernière
Quand la neuvième aurore a versé sa lumière.
Quelques-uns cependant combattaient le trépas;
Mais du monstre inflexible ils ne triomphaient pas.
Des intestins, rongés par le poison rapide,
Si tout-à-coup s'échappe un immonde fluide,
Ils respirent du moins; mais un sang glutineux
S'écoule; la victime en ces flots vénéneux
De sa force épuisée abandonne le reste;
Le mal horrible alors change son cours funeste,
S'étend sur tous les nerfs; son ardente chaleur
Au siége du plaisir imprime la douleur;
Armé d'un fer cruel, pour calmer son supplice,
L'un impose à son être un honteux sacrifice;
L'autre perd la lumière; informes, mutilés,
Sur le pavé sanglant en foule amoncelés,
Ils s'efforçaient encor de ressaisir la vie!
A cet infortuné la mémoire est ravie;
Du zèle et de l'amour les soins sont superflus,
Il se cherche lui-même, et ne se connaît plus.

de gaîté ; Plaute a eu la gloire de fournir le fond d'une pièce remarquable au plus grand auteur

---

Les cadavres nombreux, privés de sépulture,
Du vautour affamé ne sont plus la pâture ;
La mort succèderait au repas infecté.
L'hôte affreux des forêts, lui-même épouvanté,
La nuit ne quitte plus son repaire sauvage.
Les chiens si caressans, dans un transport de rage,
Périssent..... et, parmi les cadavres humains,
Leurs membres déchirés encombrent les chemins.
A la clarté du jour, au milieu des ténèbres,
Sans pompe incessamment roulent les chars funèbres.
L'art incertain, vaincu, tente un stérile effort ;
Le remède de l'un à l'autre offre la mort.

Mais quel tourment ajoute à l'horrible souffrance !
Du cœur des malheureux s'exile l'espérance ;
Comme des criminels à périr condamnés,
Ils tombent sans secours, meurent abandonnés ;
Du sort anticipant la peine rigoureuse,
La crainte de la mort rend la mort plus affreuse :
Tout succombe...... Le monstre avide, dévorant,
Passe de corps en corps et les frappe en courant.
L'égoïste, endurci par sa lâche prudence,
En vain d'amis souffrans évite la présence :
Malheureux à son tour, il périt isolé ;
Il ne consola point, et n'est point consolé :
Sa dépouille languit sur la terre étendue,
Et la foule effrayée en détourne la vue.
Hélas ! l'homme sensible à la douce pitié,
Le soutien généreux de la tendre amitié,
Comme on fuit les périls, les cherche et les partage,
Des êtres qu'il chérit relève le courage,
Leur ramène l'espoir jusqu'au bord du tombeau ;
Mais déjà l'a touché l'homicide fléau.....
Contraint d'abandonner ce noble ministère,
Il rentre pour mourir sous son toît solitaire.
Dans ces lieux désastreux se montre à chaque pas
Ou le regret plaintif, ou le hideux trépas.

comique des temps anciens et modernes, à notre inimitable Molière. Quel excellent ouvrage que l'Avare, et combien Molière a ajouté à son original! On a regretté quelquefois que cette comédie ne fût pas en vers : cette opinion est loin d'être la mienne ; le profond comique n'est pas dans le style, toujours simple et naturel, il sort plutôt de la situation et du caractère des personnages qui ne prononcent rien qui ne fasse rire, sans qu'un

>L'hydre contagieuse envahit les campagnes,
>Frappe le laboureur, le pâtre des montagnes.
>Le pauvre sous le chaume éprouve sa rigueur,
>Et la triste indigence ajoute à la douleur.
>Au milieu d'une infecte et sanglante poussière,
>Se traîne, se débat une famille entière ;
>Le père, sur le corps d'un fils inanimé,
>Tombe...... Le faible enfant, de douleur consumé,
>Éprouvant de la faim l'angoisse déchirante,
>Ronge le sein flétri de sa mère expirante !
>Des hameaux d'alentour, vers ces murs dévastés,
>Les pâles villageois courent épouvantés ;
>Des monumens sacrés et des toits domestiques
>Les victimes sans nombre inondent les portiques ;
>La mort les réunit pour mieux porter ses coups ;
>Aux fontaines les uns se traînent à genoux,
>Vont aux flots jaillissans tendre une bouche avide,
>Et tombent, suffoqués par une onde perfide.
>Sur les chemins déserts gisent des malheureux,
>Demi-nus, ou cachés sous des lambeaux poudreux ;
>Ils respirent encor, mais leur chair palpitante
>Des membres se détache et livide et sanglante ;
>Et les os, calcinés par la brûlante humeur,
>Se couvrent d'une peau dont l'infecte tumeur,
>L'ulcère affreux ressemble aux livides souillures
>Des cadavres flétris au fond des sépultures.

seul d'entre eux songe à dire un bon mot. Écoutons une scène de l'Avare :

Me JACQUES.

« Je m'en vais revenir : qu'on me l'égorge tout à l'heure ; qu'on me lui fasse griller les pieds ; qu'on me le mette dans l'eau bouillante ; et qu'on me le pende au plancher.

HARPAGON, *à maître Jacques.*

Qui? celui qui m'a dérobé?

Les temples imposans et les pompeux autels
Regorgent, infectés de ces restes mortels ;
Les corps amoncelés en remplissent l'enceinte :
Les soins religieux sont bannis par la crainte ;
La nature, les lois, l'auguste piété,
Ont perdu leur touchante et noble autorité.
La douleur et l'effroi règnent dans ces murailles ;
Chacun du corps des siens hâte les funérailles ;
Le désespoir, le trouble et la sombre fureur
Des maux contagieux ont augmenté l'horreur.
Sur les bûchers, dressés par des mains étrangères,
On dépose à grands cris les restes de ses frères ;
Tout se heurte, se livre à de sanglans combats,
Et le meurtre a souillé les pompes du trépas.

Ce poète naquit 95 ans avant J. C. Il fut l'ami de Cicéron, de Catulle et d'Atticus. Il mourut à l'âge de 44 ans, le même jour que Virgile prit la robe virile. On dit qu'il fut empoisonné par sa maîtresse ou par sa femme ; que le breuvage qu'il prit lui dérangea le cerveau, et que son poème *de rerum naturâ* fut composé dans ses instans lucides : c'est encore une de ces calomnies dont l'histoire nous offre malheureusement trop d'exemples ; ce mensonge est détruit par l'ouvrage même de Lucrèce. (T.)

M² JACQUES.

Je parle d'un cochon de lait que votre intendant me vient d'envoyer, et je veux vous l'accommoder à ma fantaisie.

HARPAGON.

Il n'est pas question de cela, et voilà monsieur à qui il faut parler d'autre chose.

LE COMMISSAIRE, *à maître Jacques.*

Ne vous épouvantez point; je suis homme à ne vous point scandaliser, et les choses iront dans la douceur.

M² JACQUES.

Monsieur est de votre souper?

LE COMMISSAIRE.

Il faut ici, mon cher ami, ne rien cacher à votre maître.

M² JACQUES.

Ma foi, monsieur, je montrerai tout ce que je sais faire, et je vous traiterai du mieux qu'il me sera possible.

HARPAGON.

Ce n'est pas là l'affaire.

M² JACQUES.

Si je ne vous fais pas aussi bonne chère que je

voudrois, c'est la faute de monsieur notre intendant, qui m'a rogné les ailes avec les ciseaux de son économie.

HARPAGON.

Traître! il s'agit d'autre chose que de souper; et je veux que tu me dises des nouvelles de l'argent qu'on m'a pris.

Me JACQUES.

On vous a pris de l'argent?

HARPAGON.

Oui, coquin; et je m'en vais te faire pendre si tu ne me le rends.

LE COMMISSAIRE, *à Harpagon.*

Mon dieu! ne le maltraitez point. Je vois à sa mine qu'il est honnête homme, et que, sans se faire mettre en prison, il vous découvrira ce que vous voulez savoir. Oui, mon ami, si vous nous confessez la chose, il ne vous sera fait aucun mal, et vous serez récompensé comme il faut par votre maître. On lui a pris aujourd'hui son argent, et il n'est pas que vous ne sachiez quelque nouvelle de cette affaire.

Me JACQUES, *bas, à part.*

Voici justement ce qu'il me faut pour me venger

de notre intendant. Depuis qu'il est entré céans, il est le favori; on n'écoute que ses conseils; et j'ai aussi sur le cœur les coups de bâton de tantôt.

HARPAGON.

Qu'as-tu à ruminer?

LE COMMISSAIRE, *à Harpagon.*

Laissez-le faire. Il se prépare à vous contenter; et je vous ai bien dit qu'il étoit honnête homme.

Mᵉ JACQUES.

Monsieur, si vous voulez que je vous dise les choses, je crois que c'est monsieur votre cher intendant qui a fait le coup.

HARPAGON.

Valère?

Mᵉ JACQUES.

Oui.

HARPAGON.

Lui, qui me paroît si fidèle?

Mᵉ JACQUES.

Lui-même. Je crois que c'est lui qui vous a dérobé.

HARPAGON.

Et sur quoi le crois-tu?

Mᵉ JACQUES.

Sur quoi?

HARPAGON.

Oui.

Mᵉ JACQUES.

Je le crois... sur ce que je le crois.

LE COMMISSAIRE.

Mais il est nécessaire de dire les indices que vous avez.

HARPAGON.

L'as-tu vu rôder autour du lieu où j'avois mis mon argent ?

Mᵉ JACQUES.

Oui, vraiment. Où étoit-il, votre argent ?

HARPAGON.

Dans le jardin.

Mᵉ JACQUES.

Justement. Je l'ai vu rôder dans le jardin. Et dans quoi est-ce que cet argent étoit ?

HARPAGON.

Dans une cassette.

Mᵉ JACQUES.

Voilà l'affaire. Je lui ai vu une cassette.

HARPAGON.

Et cette cassette, comment est-elle faite ? Je verrai bien si c'est la mienne.

Mᵉ JACQUES.

Comment elle est faite ?

HARPAGON.

Oui.

Mᵉ JACQUES.

Elle est faite... elle est faite comme une cassette.

LE COMMISSAIRE.

Cela s'entend. Mais dépeignez-la un peu, pour voir.

Mᵉ JACQUES.

C'est une grande cassette...

HARPAGON.

Celle qu'on m'a volée est petite.

Mᵉ JACQUES.

Hé oui, elle est petite, si on le veut prendre par-là ; mais je l'appelle grande pour ce qu'elle contient.

LE COMMISSAIRE.

Et de quelle couleur est-elle ?

Mᵉ JACQUES.

De quelle couleur ?

LE COMMISSAIRE.

Oui.

M° JACQUES.

Elle est de couleur... là, d'une certaine couleur... Ne sauriez-vous m'aider à dire ?

HARPAGON.

Euh ?

M° JACQUES.

N'est-elle pas rouge ?

HARPAGON.

Non, grise.

M° JACQUES.

Hé, oui, gris-rouge, c'est ce que je voulois dire.

HARPAGON.

Il n'y a point de doute. C'est elle assurément. Écrivez, monsieur, écrivez sa déposition. Ciel ! à qui désormais se fier ? Il ne faut plus jurer de rien ; et je crois, après cela, que je suis homme à me voler moi-même.

M° JACQUES, *à Harpagon.*

Monsieur, le voici qui revient. Ne lui allez pas dire au moins que c'est moi qui vous ai découvert cela. »

Cette scène n'est-elle pas un chef-d'œuvre ? N'est-il pas naturel, dès les premiers mots, que l'homme qui voudrait infliger à son voleur un supplice épouvantable, le confonde avec un cochon de lait auquel on doit griller les pieds? N'est-il pas naturel d'entendre un commissaire, qui ne sait point encore si l'homme est voleur, ou complice, ou témoin, l'aborder par ces mots : « Oui, mon ami, si vous nous confessez la chose, il ne vous sera fait aucun mal. » N'est-ce pas le langage de tous les commissaires? Ne reconnaît-on pas enfin, dans tout l'interrogatoire, cette activité inquisitoriale qui prend tout pour des preuves, et qui fait son profit des discours les plus insignifians, sans s'embarrasser des mensonges, des hésitations et des contradictions? Il faut en convenir, Plaute n'aurait fourni à Molière que l'idée de son sujet, nous lui aurions encore une grande obligation[1].

Si profond, si consciencieux écrivain que soit Sénèque le philosophe, on a dit avec raison qu'il avait

---

[1] Térence était né à Carthage, l'an 186 avant J. C. Il fut enlevé par les Numides et vendu à Terentius Lucanus, sénateur romain, qui lui fit donner beaucoup d'éducation. Il sortit de Rome à l'âge de 35 ans. On ne sait trop ce qu'il devint ensuite.

Plaute précéda Térence de quelques années. Il fut généralement estimé de son temps. Il mourut 184 ans avant J. C. Il nous reste dix-neuf de ses comédies. (T.)

cédé à la corruption du goût; et ses pensées nobles et sévères étaient plus dignes d'un langage simple et grave que d'une parure brillante et affectée[1].

---

[1] Sénèque vit le jour à Cordoue, 6 ans avant J. C. Il fut avocat distingué; mais la crainte de déplaire à Caligula lui fit abandonner cette profession pour se livrer à l'étude de la philosophie pythagoricienne. On l'accusa d'avoir un commerce illicite avec une dame romaine, et ses ennemis obtinrent qu'il fût relégué en Corse; c'est là qu'il écrivit son livre des consolations. Le philosophe s'ennuya et supplia bientôt Claude de permettre qu'il reparût à Rome. Agrippine ayant épousé Claude, son rappel eut lieu, et il fut nommé gouverneur de Néron. Ce monstre, las des remontrances du philosophe, ordonna la mort de son gouverneur; cependant Néron lui laissa le choix du genre de mort. Sénèque se fit ouvrir les veines, mais il ne saigna pas, tant il était exténué par des abstinences continuelles; il fut obligé de se mettre dans un bain chaud pour faire couler le sang. Sa femme se fit également ouvrir les veines; mais Néron, qui avait des vues criminelles sur elle, la fit soigner, et elle ne mourut point. Cet événement eut lieu l'an 65 avant J. C. Sénèque, comme précepteur de Néron, avait amassé de grands biens, et néanmoins il prêchait le mépris des richesses. A une grande délicatesse de sentiment, il unissait beaucoup d'étendue dans l'esprit. Son style est sentencieux, semé de pointes et d'antithèses, de peintures brillantes, mais trop chargées, d'expressions neuves, mais peu naturelles. Il ne se contenta pas de plaire; il voulut éblouir, et il y réussit. Sa morale est pure et ses idées sur la divinité sont très-belles. Il a été parfaitement traduit par Lagrange. En voici un passage :

« Oui, Lucilius, un esprit saint réside dans nos âmes; il observe nos vices, il surveille nos vertus, il nous traite comme

Il fallut tout le crédit de Quintilien et de Pline pour soutenir encore quelques instans cet édifice littéraire qui menaçait de s'écrouler ; mais Pline,

---

nous le traitons. Point d'homme de bien qui n'ait au-dedans de lui un dieu : sans son assistance, quel mortel s'élèverait au-dessus de la fortune ? De lui nous viennent les résolutions grandes et fortes. Dans le sein de tout homme vertueux, j'ignore quel dieu, mais il habite un dieu. S'il s'offre à vos regards une forêt peuplée d'arbres antiques dont les cimes montent jusqu'aux cieux, et dont les rameaux pressés vous cachent l'aspect du ciel, cette hauteur démesurée, ce silence profond, ces masses d'ombres au loin prolongées et continues, tant de signes ne vous annoncent-ils pas la présence d'un dieu ? Sur un antre formé dans le roc s'il s'élève une haute montagne, cette immense cavité creusée par la nature, et non pas de la main des hommes, ne frappera-t-elle pas votre ame d'une terreur religieuse ? On révère les sources des grandes rivières : l'éruption soudaine d'un fleuve souterrain fait dresser des autels ; les fontaines des eaux thermales ont un culte ; l'opacité et la profondeur de certains lacs les ont rendus sacrés : et si vous rencontrez un homme intrépide dans le péril, inaccessible aux vains désirs, heureux dans l'adversité, tranquille au sein des orages, votre ame ne sera pas pénétrée d'admiration ! Vous ne direz pas qu'il se trouve en lui quelque chose de trop grand, de trop élevé pour ressembler à ce corps chétif qui lui sert d'enveloppe ! Ici le souffle divin se manifeste : cette ame supérieure et si bien réglée, qui dédaigne les biens périssables, comme au-dessous d'elle, qui se rit de nos désirs et de nos craintes, sans doute est mue par une impulsion divine ; sans l'appui d'un dieu, ce bel édifice ne pourrait se soutenir. De même que les rayons du soleil touchent à la terre et tiennent

avec tout son esprit, ainsi que son oncle avec tout son savoir, n'étaient pas de ces génies transcendans dont la vigueur peut arrêter ou em-

au globe lumineux d'où ils émanent, ainsi l'ame sacrée du grand homme, envoyée d'en-haut pour nous montrer la Divinité de plus près, séjourne avec nous, mais sans abandonner le lieu de son origine : elle y reste attachée, elle le regarde, elle y aspire, et ne vient un moment sur la terre que comme un être supérieur. Et en quoi ? En ce qu'elle ne brille que de son propre éclat. Quelle folie de louer dans l'homme ce qui lui est étranger, d'admirer en lui ce qui peut dans un moment passer à un autre ! Un coursier ne vaut pas mieux pour avoir un frein d'or. Le lion aux crins tressés, dompté par un maître au point de souffrir les caresses et la parure, et le lion que la servitude n'a point énervé, ne se présentent pas du même air sur l'arène. Le dernier, bouillant, impétueux, comme le veut sa nature, majestueusement hérissé, fier et beau de la terreur qu'il inspire, ressemble-t-il à ce quadrupède amolli et languissant sous les lames et les feuilles d'or ? On ne doit se glorifier que de ses biens. Quand les sarments d'une vigne sont chargés de grappes, quand ses appuis mêmes succombent sous le faix, on l'admire, on la préfère à une vigne dont les feuilles et les fruits seraient d'or. Pourquoi ? C'est que le premier mérite d'une vigne est la fertilité. Louez donc aussi dans l'homme ce qui lui appartient. Il a de beaux esclaves, de riches palais, des moissons abondantes, un ample revenu ; tout cela n'est pas en lui, mais autour de lui. Réservez vos éloges pour les biens qu'on ne peut ni ravir ni donner, et qui sont propres à l'homme, c'est-à-dire son ame, et, dans cette ame, la sagesse. »

Ce fragment suffit pour faire connaître Sénèque. (T.)

pêcher une décadence morale[1]. Si quelqu'un eût pu le faire, c'eût été sans doute Quintilien, qui, dans la théorie et dans la pratique de l'éloquence, rappela plusieurs fois la profondeur, la sagesse et les succès du plus illustre des orateurs romains.

On chercherait en vain, dans le style de Plutarque, cette douceur, cette perfection qui ont signalé les grands historiens de la Grèce. On ne retrouve dans Tacite ni l'élégance, ni la grâce qui brillent dans les ouvrages de Cicéron; mais ce grec, mais ce latin, qui commencent à se corrompre, sont si heureusement employés, retracent, dans Plutarque, des détails si heureux, dévoilent, dans Tacite, de si fortes pensées, qu'il est impos-

---

[1] Pline l'ancien, oncle du second, a écrit une histoire naturelle en trente-sept livres. C'était un homme extrêmement savant. Il périt par un accident funeste, l'an 79 de J. C. L'embrâsement du mont Vésuve avait lieu, lorsqu'il s'en approcha pour connaître et examiner ce terrible phénomène; il y périt à l'âge de 56 ans : aussi est-il appelé par quelques auteurs le *martyr de la nature*. M. de Buffon, dans son premier discours sur l'histoire naturelle, en fait le plus bel éloge.

Pline le jeune, fils adoptif et neveu du précédent, avait été avocat; il fut ensuite proconsul en Bythinie, et gouverna les peuples avec sagesse. Il est connu par un recueil de lettres fort estimé, et surtout par son panégyrique de Trajan. Il mourut à l'âge de 50 ans, l'an 113 de J. C.   (T.)

sible de souhaiter un autre style à ces deux écrivains supérieurs.

Quel est, en effet, le lecteur qui ne se laisse entraîner à l'opinion de Tacite, soit qu'il exalte les héros, soit qu'il flétrisse les tyrans? C'est là que la vérité historique semble respirer de toutes parts. Ce n'est point l'historien qui veut briller par la forme, c'est l'homme de bien qui veut instruire par le fond. On n'y voit pas de longues et belles harangues comme dans Tite-Live; tout est serré, concis, vigoureux, et un seul mot peint mieux un caractère que les plus éloquens discours. César connaît-il les revers? « Nous nous sommes éprouvés réciproquement, dit-il, moi et la destinée. (*Experti sumus invicem, ego ac fortuna!*) » Ce seul mot, qui place César en face de la fortune, comme les deux puissances du monde, ne porte-t-il pas en lui toute l'ambition du héros? Quelle profonde connaissance du peuple romain n'y a-t-il pas dans ce mot adressé à Pison, au moment de son adoption : « Tu vas commander à des hommes qui ne sont faits ni pour une entière servitude, ni pour une entière liberté. (*Imperaturus es hominibus qui nec totum servitium, nec totam libertatem pati possunt.*) » Quel horrible et quel énergique tableau que celui des crimes d'Agrippine! Quel moment, que celui où, retirée sur la côte de Baïa, la mère de l'empereur, échappée au fatal vaisseau, espère quelques remords de son fils, et le trouve plus acharné à sa perte que l'élément qui a refusé de l'engloutir! Un soldat se présente, il est armé d'un glaive; elle l'aperçoit, devine son sort et pousse un cri : « Frappe ces entrailles coupables : elles ont porté Néron. (*Ventrem feri*) ». Ce sont ces tableaux que nous cherchons dans l'histoire; c'est ainsi qu'on doit la présenter aux hommes qui pensent; c'est ainsi qu'elle est profitable. Elle n'oublie, en peignant à grands traits les crimes de Néron, ni ses orgies, ni ses meurtres, ni ses voluptés. Peut-être une des plus grandes gloires de Tacite est-elle d'avoir inspiré Racine dans son admirable tragédie de Britannicus[1]. Quelques actes ont suffi à notre grand écrivain pour nous retracer Néron tout entier, depuis le moment où il s'a-

---

[1] Tacite a écrit les mœurs des Germains, la vie de Julius Agricola, l'histoire des Empereurs; mais, de 27 ans que cette histoire contenait, depuis l'an 69 jusqu'en 96, il ne nous reste que l'an 69 et une partie de 70. Des annales qui renfermaient l'histoire de quatre empereurs Tibère, Caligula, Claude et Néron, il ne reste que l'histoire du premier et du dernier; cependant il existe encore quelques fragmens de celle de Claude. Tacite fut consul l'an 97 de J. C. Il ne parle pas avantageusement des premiers chrétiens : il ne les connaissait pas assez pour pouvoir les juger. (T.)

bandonne à ses premières passions, jusqu'à celui où, désormais familiarisé avec le crime, il ne doit plus exister que pour accomplir des crimes nouveaux. L'amour même, ce sentiment si tendre, développe déjà, dans Néron, des idées de cruauté; il aime jusqu'aux pleurs qu'il fait couler, il emploie jusqu'à la menace envers la femme qu'il a ravie à sa famille. Citons Racine :

NÉRON.

Excité d'un desir curieux,
Cette nuit je l'ai vue arriver en ces lieux,
Triste, levant au ciel ses yeux mouillés de larmes,
Qui brilloient au travers des flambeaux et des armes;
Belle sans ornement, dans le simple appareil
D'une beauté qu'on vient d'arracher au sommeil.
Que veux-tu? Je ne sais si cette négligence,
Les ombres, les flambeaux, les cris et le silence,
Et le farouche aspect de ses fiers ravisseurs,
Relevoient de ses yeux les timides douceurs.
Quoi qu'il en soit, ravi d'une si belle vue,
J'ai voulu lui parler, et ma voix s'est perdue :
Immobile, saisi d'un long étonnement,
Je l'ai laissé passer dans son appartement.
J'ai passé dans le mien. C'est là que, solitaire,
De son image en vain j'ai voulu me distraire.
Trop présente à mes yeux je croyois lui parler ;
J'aimois jusqu'à ses pleurs que je faisois couler.
Quelquefois, mais trop tard, je lui demandois grace :
J'employois les soupirs, et même la menace.
Voilà comme, occupé de mon nouvel amour,
Mes yeux, sans se fermer, ont attendu le jour.

Voilà l'homme en proie à ses passions qui vont le rendre cruel. C'est devant Britannicus, son rival, que, par une gradation savante, son caractère va se développer entièrement :

NÉRON.

Prince, continuez des transports si charmants.
Je conçois vos bontés par ses remerciements,
Madame : à vos genoux je viens de le surprendre.
Mais il auroit aussi quelque grace à me rendre :
Ce lieu le favorise, et je vous y retiens
Pour lui faciliter de si doux entretiens.

BRITANNICUS.

Je puis mettre à ses pieds ma douleur ou ma joie
Par-tout où sa bonté consent que je la voie ;
Et l'aspect de ces lieux où vous la retenez
N'a rien dont mes regards doivent être étonnés.

NÉRON.

Et que vous montrent-ils qui ne vous avertisse
Qu'il faut qu'on me respecte et que l'on m'obéisse ?

BRITANNICUS.

Ils ne nous ont pas vus l'un et l'autre élever,
Moi pour vous obéir, et vous pour me braver ;
Et ne s'attendoient pas, lorsqu'ils nous virent naître,
Qu'un jour Domitius me dût parler en maître.

NÉRON.

Ainsi par le destin nos vœux sont traversés ;
J'obéissois alors, et vous obéissez.
Si vous n'avez appris à vous laisser conduire,
Vous êtes jeune encore, et l'on peut vous instruire.

BRITANNICUS.

Et qui m'en instruira ?

NÉRON.

Tout l'empire à-la-fois,
Rome.

BRITANNICUS.

Rome met-elle au nombre de vos droits
Tout ce qu'a de cruel l'injustice et la force,
Les emprisonnements, le rapt, et le divorce ?

NÉRON.

Rome ne porte point ses regards curieux
Jusque dans des secrets que je cache à ses yeux.
Imitez son respect.

BRITANNICUS.

On sait ce qu'elle en pense.

NÉRON.

Elle se tait du moins : imitez son silence.

BRITANNICUS.

Ainsi Néron commence à ne se plus forcer.

NÉRON.

Néron de vos discours commence à se lasser.

BRITANNICUS.

Chacun devoit bénir le bonheur de son règne.

NÉRON.

Heureux ou malheureux, il suffit qu'on me craigne.

BRITANNICUS.

Je connois mal Junie, ou de tels sentiments
Ne mériteront pas ses applaudissements.

NÉRON.

Du moins, si je ne sais le secret de lui plaire,
Je sais l'art de punir un rival téméraire.

BRITANNICUS.

Pour moi, quelque péril qui me puisse accabler,
Sa seule inimitié peut me faire trembler.

NÉRON.

Souhaitez-la ; c'est tout ce que je vous puis dire.

BRITANNICUS.

Le bonheur de lui plaire est le seul où j'aspire.

NÉRON.

Elle vous l'a promis, vous lui plairez toujours.

BRITANNICUS.

Je ne sais pas du moins épier ses discours :
Je la laisse expliquer sur tout ce qui me touche,
Et ne me cache point pour lui fermer la bouche.

NÉRON.

Je vous entends. Hé bien, gardes !

JUNIE.

Que faites-vous ?
C'est votre frère. Hélas ! c'est un amant jaloux.
Seigneur, mille malheurs persécutent sa vie :
Ah ! son bonheur peut-il exciter votre envie ?
Souffrez que, de vos cœurs rapprochant les liens,
Je me cache à vos yeux, et me dérobe aux siens.
Ma fuite arrêtera vos discordes fatales ;
Seigneur, j'irai remplir le nombre des vestales.
Ne lui disputez plus mes vœux infortunés ;
Souffrez que les dieux seuls en soient importunés.

NEUVIÈME SOIRÉE.

NÉRON.

L'entreprise, madame, est étrange et soudaine.
Dans son appartement, gardes, qu'on la ramène.
Gardez Britannicus dans celui de sa sœur.

BRITANNICUS.

C'est ainsi que Néron sait disputer un cœur!

JUNIE.

Prince, sans l'irriter, cédons à cet orage.

NÉRON.

Gardes, obéissez sans tarder davantage.

Et voici Néron tout entier, osant enfin se déclarer contre sa mère et contre Burrhus :

BURRHUS.

Que vois-je? O ciel!

NÉRON, *sans voir Burrhus*,

Ainsi leurs feux sont redoublés :
Je reconnois la main qui les a rassemblés.
Agrippine ne s'est présentée à ma vue,
Ne s'est dans ses discours si long-temps étendue,
Que pour faire jouer ce ressort odieux.

(*Apercevant Burrhus.*)

Qu'on sache si ma mère est encore en ces lieux.
Burrhus, dans ce palais je veux qu'on la retienne,
Et qu'au lieu de sa garde on lui donne la mienne.

BURRHUS.

Quoi, seigneur, sans l'ouïr? Une mère?

NÉRON.

Arrêtez :
J'ignore quel projet, Burrhus, vous méditez;

> Mais, depuis quelques jours, tout ce que je desire
> Trouve en vous un censeur prêt à me contredire.
> Répondez-m'en, vous dis-je ; ou, sur votre refus,
> D'autres me répondront et d'elle et de Burrhus.

Ce serait une étude presque inutile que celle des hommes illustres, si, toujours, comme l'ont trop fait nos historiens, on nous les représentait dans leurs actions publiques, sans jamais entrer dans le détail de leur caractère et de leurs actions privées. Les hautes vertus excitent notre admiration ; mais le découragement qui l'accompagne rend trop souvent cette admiration stérile. Pour vouloir trop exiger de nous, on n'en obtient rien ; de grands modèles nous sont offerts vainement ; le sentiment de notre propre faiblesse détruit ou balance sans cesse l'impression que devait faire sur nous le sentiment de leur grandeur.

Aussi est-ce un important service que nous rendent les biographes, lorsque, sans malice, sans partialité, dans le seul intérêt de la vérité, ils nous peignent les héros, non tels qu'ils ont voulu être, mais tels qu'ils ont été ; non pas seulement hommes d'état ou capitaines, mais hommes privés et particuliers ; avec leurs vertus publiques et leurs vertus de famille ; avec leurs défauts comme avec leurs qualités ; descendant, pour ainsi dire, jusqu'à notre niveau pour nous plaire, nous captiver, et nous entraîner sur leurs traces. Alors nous croyons aux récits qui nous sont faits, alors nous nous identifions avec l'homme, et nous le suivons, de la terre où nous l'avons aperçu, jusques dans ces régions élevées où la paresse de notre ame n'aurait point été d'abord le chercher. C'est là le véritable talent du biographe; « et voilà pourquoi, dit Montaigne, c'est mon homme que Plutarque. »

Oui, Plutarque : voilà le véritable biographe, voilà l'historien judicieux et profond; non qu'il soit exempt de superstition et de préjugés : trop souvent il raconte avec une crédulité naïve ; mais, toujours consciencieux, il ne fait grâce au lecteur d'aucun détail utile; il semble pressentir que les traits qui accusent ses héros confirmeront la vérité des traits qui les honorent. Je suis tenté de croire à la vertu d'Othon mourant, car les vices de sa vie m'ont été peints avec exactitude; je veux suivre Caton jusques dans les défauts de son caractère; rien ne m'est indifférent, ni le verre d'eau qu'il demande, ni le coup de poing qu'il donne à son esclave, ni les reproches qu'il fait à son fils. Ces détails me confirment tous les autres, et je crois que le même homme a pu méditer Platon, s'ouvrir le corps avec son épée, et faire de sa vie un sacrifice à la liberté. De tous les écrivains de l'antiquité, Plutarque est peut-être celui dont la lecture a fait le plus grand nombre de héros modernes. « Voyez-vous ce jeune homme ? disait Paoli en montrant le jeune Napoléon Bonaparte : c'est un des héros de Plutarque. » Nous savons si Paoli a prédit juste.

Qui ne s'est attendri souvent au récit de l'enfance de J.-J. Rousseau, lorsque, assis près de son père, pauvre horloger et honnête citoyen, il leur arrivait à tous les deux d'interrompre leur ouvrage pour exalter leur esprit à la lecture de quelques pages de Plutarque ? Le patriotisme de Rousseau, dès ses plus jeunes ans, était dû, il nous l'apprend lui-même, aux inspirations de son historien favori :

« Je me souviens d'avoir été frappé dans mon enfance d'un spectacle assez simple, et dont pourtant l'impression m'est toujours restée, malgré le temps et la diversité des objets. Le régiment de Saint-Gervais avoit fait l'exercice, et, selon la coutume, on avoit soupé par compagnies : la plupart de ceux qui les composoient se rassemblèrent, après le souper, dans la place de Saint-Gervais, et se mirent à danser tous ensemble, officiers et soldats, autour de la fontaine, sur le bassin de laquelle étoient montés les tambours, les fifres, et ceux qui portoient les flambeaux. Une danse de gens égayés par un long repas sembleroit n'offrir rien de fort intéressant à voir ; cependant l'accord de cinq ou six cents hommes en uniforme, se tenant tous par la main, et formant une longue bande qui serpentoit en cadence et sans confusion, avec mille tours et retours ; mille espèces d'évolutions figurées, le choix des airs qui les animoient, le bruit des tambours, l'éclat des flambeaux, un certain appareil militaire au sein du plaisir, tout cela formoit une sensation très-vive qu'on ne pouvoit supporter de sang froid. Il étoit tard, les femmes étoient couchées ; toutes se relevèrent. Bientôt les fenêtres furent pleines de spectatrices qui donnoient un nouveau zèle aux acteurs : elles ne purent tenir long-temps à leurs fenêtres, elles descendirent ; les maîtresses venoient voir leurs maris, les servantes apportoient du vin ; les enfants même, éveillés par le bruit, accoururent demi-vêtus entre les pères et les mères. La danse fut suspendue ; ce ne furent qu'embrassements, ris, santés, caresses. Il résulta de tout cela un attendrissement général que je ne saurois peindre, mais que, dans l'allégresse universelle, on éprouve assez naturellement au milieu de tout ce qui nous est cher. Mon père, en m'embrassant, fut saisi d'un tressaillement que je crois sentir et partager encore. « Jean-Jacques, me disoit-il, aime ton pays.

« Vois-tu ces bons Génevois ? ils sont tous amis, ils
« sont tous frères; la joie et la concorde règnent au
« milieu d'eux. Tu es Génevois ; tu verras un jour
« d'autres peuples; mais, quand tu voyagerois autant
« que ton père, tu ne trouveras jamais leurs pareils.»

« On voulut recommencer la danse, il n'y eut plus moyen ; on ne savoit plus ce qu'on faisoit, toutes les têtes étoient tournées d'une ivresse plus douce que celle du vin. Après avoir resté quelque temps encore à rire et à causer sur la place, il fallut se séparer : chacun se retira paisiblement avec sa famille ; et voilà comment ces aimables et prudentes femmes ramenèrent leurs maris, non pas en troublant leurs plaisirs, mais en allant les partager. Je sens bien que ce spectacle dont je fus si touché seroit sans attrait pour mille autres ; il faut des yeux faits pour le voir, et un cœur fait pour le sentir. Non, il n'y a de pure joie que la joie publique, et les vrais sentiments de la nature ne règnent que sur le peuple. Ah! dignité, fille de l'orgueil et mère de l'ennui, jamais tes tristes esclaves eurent-ils un pareil moment en leur vie ? »

On reconnaît dans ce passage l'effusion d'un cœur rempli de grandes émotions, et l'on voit quel est l'écrivain auquel il faut rapporter ces émotions sublimes. Rousseau fut pénétré toute sa vie de cet enthousiasme pour l'antiquité qui fit le succès de tant de grands hommes modernes. Rome surtout, mais Rome pauvre, à son origine, exaltait son ame et lui inspirait d'éloquentes exclamations.

« O Fabricius! qu'eût pensé votre grande ame, si, pour votre malheur, rappelé à la vie, vous eussiez vu la face pompeuse de cette Rome sauvée par votre bras, et que votre nom respectable avoit plus illustrée que toutes ses conquêtes?

« Dieux! eussiez-vous dit; que sont devenus ces toits de chaume, ces foyers rustiques qu'habitoient jadis la modération et la vertu? Quelle splendeur funeste a succédé à la simplicité romaine? Quel est ce langage étranger? Quelles sont ces mœurs efféminées? Que signifient ces statues, ces tableaux, ces édifices? Insensés! qu'avez-vous fait?

« Vous, les maîtres du monde, vous vous êtes rendus les esclaves des hommes frivoles que vous avez vaincus! Ce sont des rhéteurs qui vous gouvernent! C'est pour enrichir des peintres, des architectes, des statuaires, des histrions, que vous avez arrosé de votre sang la Grèce et l'Asie! Les dépouilles de Carthage sont la proie d'un joueur de flûte!

« Romains! hâtez-vous de renverser ces amphithéâtres, brisez ces marbres, brûlez ces tableaux, chassez ces esclaves qui vous subjuguent, et dont les funestes arts vous corrompent.

« Que d'autres mains s'illustrent par de vains talents ; le seul talent digne de Rome, c'est de conquérir le monde, et d'y faire régner la vertu.

« Quand Cynéas prit notre sénat pour une assemblée de rois, il ne fut ébloui, ni par une pompe vaine, ni par une élégance recherchée ; il n'y entendit point cette éloquence, l'étude et le charme des hommes futiles. Que vit donc Cinéas de si majestueux? O citoyens! il vit un spectacle que n'offriront jamais vos richesses ni tous vos arts; le plus beau spectacle qui ait jamais paru sous le ciel : l'assemblée de deux cents hommes vertueux, dignes de commander à Rome et de gouverner la terre. »

Voilà l'éloquence véritable, celle qui sort du cœur, source réelle et profonde du génie. Que l'on nie maintenant l'utilité de l'histoire, et des leçons que Tacite et Plutarque ont voulu nous donner sur les hommes et sur les choses! Si quelques-uns regardent encore cette étude avec indifférence, il faut leur soumettre une dernière réflexion :

Ce n'est point pour inspirer des méditations aux hommes vulgaires que Tacite et Plutarque ont pris la plume. Des récits sont communs, de graves instructions sont rares. Il faut les comprendre et les sentir, et ceci ne fut point donné à tous par la destinée ; mais, j'ose le dire, il existe entre les profonds historiens et les hommes supérieurs qui les lisent, des rapports mystérieux inconnus aux autres hommes. Mallebranche raconte que la lecture de Descartes lui donnait de violentes palpitations. Celui qui, en ouvrant Tacite et Plutarque, ne sent pas son émotion naître et son ame s'agrandir, celui en qui les actions sublimes n'excitent pas ces *palpitations violentes*, celui-là peut fermer les livres de Tacite et de Plutarque : ce n'est pas pour lui qu'ils ont écrit[1].

Parlons un moment de Quintilien. La Harpe a

---

[1] Plutarque est un des auteurs les plus célèbres de l'antiquité ; je ne parle ici que de ses vies des hommes illustres grecs et romains. Il a aussi publié des traités de morale ; mais ces derniers ouvrages sont moins estimés. Plutarque était né à Chéronée, l'an 48 avant J. C. Cependant M. Dacier, dans la préface qu'il a placée en tête de sa traduction de la vie des hommes illustres, dit que l'époque de la naissance de Plutarque est incertaine ; néanmoins m'étant livré à quelques recherches dans plusieurs biographies, je l'ai trouvée à la date que je viens d'indiquer. Cet historien descendait d'une famille distinguée, et lui-même exerça dans sa ville plusieurs charges importantes. Il fut, entr'autres, nommé archonte par Trajan, dont il fut l'ami et le protégé. Il mourut à l'âge de 75 ans, sous le règne d'Adrien. Plusieurs vies des hommes illustres ont été perdues : ce sont celles d'Hercule, d'Hésiode, de Pindare, de Cratès, de Daiphantus, de Léonidas, d'Aristomène, du jeune Scipion l'Africain, de Metellus, de Tibère, de Claude, de Néron, de Caligula, de Vitellius et celle d'Épaminondas. C'est une perte irréparable. (T.)

sagement analysé les *institutions oratoires*, et rendu à leur savant auteur la justice qu'il a méritée. Aujourd'hui, les détails de Quintilien nous paraissent minutieux ; un ou deux livres de son ouvrage suffiraient pour compléter la science de l'orateur telle que nous la concevons. A quoi bon, disons-nous, cette étude de la musique, cette étude de la géométrie, recommandées à l'orateur ? Est-il besoin, pour qu'un homme soit versé dans l'art oratoire, qu'il soit harmoniste ou mathématicien ?

Cela n'est point indispensable, il est vrai; mais l'étude de la géométrie donne au jugement une rectitude dont on ne sent pas assez le prix. Cette habitude, contractée par l'esprit, de se proposer un problème, d'en chercher la solution, et de l'obtenir, le tient dans un exercice aussi favorable que le sont au physique les meilleurs exercices du corps. En mathématiques, l'imagination ne peut s'égarer ; il n'y a aucun moyen de prendre la vérité pour le mensonge. La démonstration du problème arrive-t-elle ? vous étiez sur la véritable voie du raisonnement; vous êtes-vous trompé ? le défaut de démonstration vous l'indique. Il n'y a pas possibilité de s'abuser; c'est là la véritable et la grande école de la logique. A ce titre, les mathématiques doivent-elles être étrangères à l'orateur ?

Si l'on considérait la musique comme un vain amusement, il serait inutile de s'y arrêter. Quant à la puissance de l'harmonie, à son influence sur les hommes, je crois l'avoir fait sentir suffisamment en parlant de l'ancienne Grèce. Mais une observation nouvelle doit ici trouver sa place. Il n'y a pas d'éloquence sans passions; les passions sont variées, elles diffèrent toutes entre elles : il serait donc absurde de leur prêter à toutes le même ton. Les inflexions de la voix offrant, en leur qualité d'interprètes des passions, une diversité infinie, il faut connaître chacune d'elles pour l'employer au besoin. Telle est la partie musicale de l'art oratoire: on ne saurait trop en recommander l'étude aux jeunes orateurs.

Souvent, lorsqu'un discours bien écrit est empreint de monotonie, l'auteur, qui s'en aperçoit lui-même, corrigeant sans cesse les mots et retournant les pensées, ne se doute pas que des périodes égales, que des phrases régulièrement alignées et de même longueur, impriment à l'ensemble de son discours cette uniformité qui fatigue. Il faut savoir briser son style, le saccader même au besoin ; jeter une exclamation au milieu d'un récit; multiplier les interrogations après un raisonnement monotone ; chercher un style familier dans un moment de bonhomie; préparer l'émotion qu'on veut faire naître ; aborder un sentiment noble avec de nobles expressions. Et dans toutes ces choses, le sentiment d'harmonie entre assurément pour beaucoup.

A Dieu ne plaise que je conseille le style poétique à l'orateur du barreau! J'ose dire que, de notre temps, l'éloquence judiciaire, pour être exempte des défauts d'autrefois, n'est pas encore ce qu'elle doit être. Il y a trop d'esprit dans nos discours, trop de luxe de mots dans nos paroles. J'ai vu, dans des causes graves, l'amour-propre de l'avocat prendre la place de l'intérêt du client ; j'ai vu l'éloquence française, dans l'organe du ministère public et dans celui de la défense, se disputer la tête d'un malheureux comme une médaille académique !... Encore quelques séances, et nous aborderons en face ce sujet, l'un des plus importans pour la science et pour l'humanité ; mais, en l'abordant, je répéterai ce que dès ce moment j'ai dû établir, que Quintilien, ce Cicéron de l'empire, est le grand maître et l'utile conseiller de tous les temps [1].

---

[1] L'époque de la naissance de Quintilien est très-incertaine ; plusieurs biographes la placent l'an 42 avant J. C., d'autres la fixent à cinq années plutôt. Au nombre de ces derniers est M. l'abbé Gédoyn, qui a publié une très-bonne traduction de l'*institution*

J'ai parcouru rapidement, Messieurs, les siècles littéraires de la Grèce et de Rome. Ici je m'arrête, et un spectacle étonnant va frapper mes regards :

de l'orateur de Quintilien. Le lieu où il est né n'est pas plus certain ; les uns le font naître en Espagne, et affirment qu'il est venu de très-bonne heure à Rome ; d'autres attestent qu'il est né à Rome, sous l'empereur Claude. Quoi qu'il en soit, Quintilien se fit remarquer par ses talens au barreau, où il exerçait la profession d'avocat. Il fut nommé professeur de rhétorique par Vespasien ; mais parvenu à l'âge de 60 ans environ, il se retira. C'est alors qu'il composa son institution de l'orateur : dans le premier livre, il traite de la manière dont il faut élever les enfans dès l'âge le plus tendre, puis il explique ce qui regarde la grammaire ; dans le second, il expose ce qui doit se pratiquer dans les écoles de rhétorique ; dans les cinq livres qui suivent, il explique les préceptes pour l'invention et la disposition des discours. Cette partie de l'ouvrage est très-importante et doit être méditée par les jeunes gens qui se destinent à parler en public. Cet excellent ouvrage ne fut découvert qu'en 1415, dans une vieille tour de l'abbaye de Saint-Gal ; d'autres disent dans la boutique d'un épicier allemand. Quintilien composa aussi un traité sur les causes de la corruption de l'éloquence ; mais ce livre est perdu pour nous. On reproche à Quintilien d'avoir donné des louanges excessives au cruel Domitien, d'odieuse mémoire. (C'est cet empereur qui assembla le sénat pour savoir à quelle sauce serait mis un turbot.)

On ignore à quelle époque au juste mourut Quintilien ; tout ce qu'on sait, c'est qu'il décéda fort âgé et qu'il fut regretté de tous les gens de bien ; qu'il prêcha et qu'il pratiqua la vertu.

(T.)

la religion, la philosophie, les sciences, tout va prendre une face nouvelle. Une civilisation sublime autrefois, aujourd'hui décrépite, s'avance vers le néant. Sur ses débris une autre civilisation va s'élever, qui doit produire d'autres gloires et d'autres célébrités.

J'ai parlé d'histoire, et n'ai cité que des faits et des caractères politiques; et pourtant une autre histoire plus antique s'écoulait à travers les âges, et continuait sans interruption, déjà vieille de quinze siècles, à ne dater que d'Abraham, lorsque les premiers historiens grecs ont paru. La loi des juifs a préparé la loi nouvelle. Au sein d'Alexandrie, au milieu d'une école philosophique, des docteurs éloquens vont se former. Ces hommes saints doivent éclairer les peuples et changer la face du monde; le triomphe du christianisme est assuré.

Lorsque les barbares ravageaient l'Europe, lorsque, portant partout devant eux la terreur et la mort, ils anéantissaient avec mépris les œuvres sublimes de l'intelligence humaine; quand aucune force, aucune armée ne pouvait plus leur être opposée, qui n'aurait été frappé d'admiration, s'il avait appris soudain que toute cette puissance matérielle devait être vaincue, domptée à son tour par une puissance morale presque invisible, et dont l'influence allait croître, dominer, couvrir la terre, et conquérir à son tour jusqu'au plus fort de ces conquérans !

Au milieu des civilisations renaissantes, une nation va se distinguer par-dessus toutes les autres. Je le dis avec orgueil : cette nation est la France. L'éloquence de la chaire, inconnue à l'antiquité, devait nous illustrer parmi les peuples modernes, et égaler l'antique éloquence des Cicéron et des Démosthène. Corneille, Racine, nos plus grands écrivains, avaient trouvé dans la Grèce et dans Rome de sublimes modèles. Bossuet seul ne leur dut rien : le christianisme, son génie et sa foi, telles furent les sources de ce talent immense. Les pères de l'église lui avaient ouvert la route. Examinons donc leur influence, et rendons hommage à ces maîtres de la science moderne. Ils ont conservé l'étincelle pour ranimer le feu sacré; ils ont éclairé les nations, enseigné à la fois les savans et les simples, et jeté par la religion les bases d'un nouvel état social. Il est naturel de s'incliner devant ces hommes de conscience et de paix, et de leur payer maintenant un pieux tribut. Philosophes et législateurs sacrés, à la justice du glaive ils ont entrepris de substituer la justice morale et l'influence divine qui en est la source mystérieuse. Par eux, à la puissance de la force a succédé le règne de l'équité. Ils furent hommes éloquens, hommes sages, hommes justes; et ce qui est juste a droit à notre hommage, car ce qui est juste est véritablement saint.

DIXIÈME SOIRÉE.

ÉLOQUENCE CHRÉTIENNE.

Pères de l'Église.

Les trois routes parcourues jusqu'ici par l'esprit humain, en religion, en philosophie et en politique, semblent maintenant, sinon se fermer, du moins se rétrécir chaque jour davantage. La mythologie n'est presque plus qu'en souvenir; la politique a perdu sa teinte républicaine; la philosophie, cette science, ce trésor du sage, languit incertaine; et des doutes et des ténèbres affligent les esprits les plus éclairés. La civilisation antique pâlit et s'éteint, en Grèce dans la servitude, à Rome dans la tyrannie et les discordes civiles. Quelques momens encore, et les hordes barbares qui couvrent l'Europe vont tout anéantir, et les traces de l'intelligence, et les monumens des arts, et les ouvrages du génie! La force matérielle et brutale détruit la force morale ; une force matérielle plus grande étant impossible, l'esprit humain, complice d'une civilisation énervée, meurt avec elle sous le fer du vandale, si un miracle ne sauve le monde..... Ce miracle sera opéré !

Au sein de l'école d'Alexandrie une philosophie existait, qui résultait des débris épars de toutes les philosophies ; ce n'était point un système, mais la réunion de toutes les idées, qui, dans chaque système, avait paru être la vérité. L'opinion dominante était pourtant le platonisme, non tel que l'avait produit l'école de Socrate et de son éloquent disciple, mais épuré et dégagé de toute alliance mythologique. Après des maîtres platoniciens, des maîtres chrétiens se présentèrent dans cette école, professant dans la même chaire, enseignant aux mêmes élèves ; Origène et Clément d'Alexandrie, amenés tout naturellement à enseigner ce qu'ils croyaient être la vérité, élevèrent sans peine le christianisme sur les derniers vestiges de la philosophie de Platon ; et l'on peut dire que ce fut dans leurs écrits, et dans leurs personnes même, que se fit la transition de l'ancienne à la nouvelle civilisation.

Peu d'hommes ont été aussi savans qu'Origène : génie pénétrant et fécond, son érudition, sa dialectique ne s'expliquent que par de grands travaux, de longues et solides études. Après lui, Lactance se distingue ; moins profond peut-être, mais plus élégant, plus harmonieux de style, et digne du surnom de *Cicéron chrétien* qui lui fut donné à cette époque. Il rendait une entière justice aux philosophes platoniciens qui l'avaient précédé. « Lisez leurs écrits, disait-il : il n'en est pas un seul qui ne renferme quelque importante vérité [1]. »

Clément d'Alexandrie fait plus : il se déclare lui-même philosophe éclectique, tant l'alliance de la philosophie et de la religion paraissait naturelle à cet esprit supérieur. Justin déclare, en effet, et son témoignage est bien remarquable, que si les platoniciens, au moment où il écrit, pouvaient re-

---

[1] Origène fut aussi nommé Adamantinus, à cause de son assiduité infatigable au travail. C'est un des pères de l'église les plus savans et qui ont le plus écrit. Il naquit à Alexandrie, l'an 185 de J. C. Il fut disciple de Clément l'Alexandrin. Son père, qui fut dénoncé comme chrétien, eut la tête tranchée par ordre de l'empereur Sévère. Dans sa jeunesse, Origène annonçait les grands talens dont il devait faire preuve un jour ; son père lui baisait la poitrine, comme étant le temple du Saint-Esprit. Il exhorta lui-même son père à mourir plutôt que de renoncer à la religion chrétienne. « Ne pleurez point sur le sort de vos enfans, disait-il à son père, qui marchait au supplice ; Dieu y pourvoira. » Il fut plusieurs fois emprisonné, battu, chargé de chaînes, mis à la torture ; mais il demeura fidèle à l'évangile, et il trompa l'attente de ses bourreaux. Il prêchait publiquement, et attirait la foule. Il fut calomnié : on l'accusa de mener une vie déréglée ; alors, pour prouver son abnégation envers lui-même, il se

venir au monde, il n'y aurait à changer dans leurs opinions que bien peu de mots et bien peu de pensées pour en faire de véritables chrétiens [1].

L'érudition, le génie des pères de l'église étonne moins quand on voit de pareils précédens; mais que leur rôle fut important, et qu'il fallut de force et d'énergie pour porter les derniers coups au paganisme affaibli; pour attaquer les bourreaux et les tyrans, défendre les martyrs, étendre la science, éclairer les esprits, et préparer les civilisations à venir! Dirigés vers le même but, ils emploient des

---

mutila. Origène éprouva beaucoup de persécutions; sa doctrine fut tantôt attaquée, tantôt proscrite par ses contemporains, et même par des conciles. Saint Athanase, saint Basile et saint Grégoire le défendirent contre saint Epiphane et saint Jérôme. Il résida à Alexandrie, à Rome et à Césarée, où il mourut à l'âge de 69 ans. Les principaux ouvrages d'Origène sont des Commentaires sur toute l'Ecriture sainte, grec et latin, avec des notes précieuses sur la vie, la doctrine et les écrits de l'auteur, par Huet, imprimés pour la première fois à Rouen, en 1668, 2 vol. in-fol. Sa Réponse aux erreurs de Celse est aussi un ouvrage très-estimé. On a reproché à Origène d'être trop platonicien. (T.)

[1] Clément d'Alexandrie fut un docteur fort savant. Il était né païen; il se convertit, et prêcha la religion du Christ. Il fut philosophe platonicien. Il a composé plusieurs ouvrages de morale. Ayant été proscrit par l'empereur Sévère, il fut forcé de quitter Rome, et de se retirer en Cappadoce, où il mourut en 217.   (T.)

moyens divers, et leurs écrits retracent leur caractère. Ici c'est Ambroise [1], le Fénélon des Pères, doux, patient de cœur, abondant en expressions généreuses, mais triste comme Jérôme. Ce contemplateur mélancolique de la chute de l'empire romain disait : « Malheur à vous qui riez, car vous pleurerez un jour. » — « Ce n'est pas, en effet, dit Jérôme, à des chrétiens qu'il convient de rire ; il leur conviendrait plutôt de pleurer. » Là, Chrysostôme nous parle de la mort en langage solennel, et il illustre l'église grecque par son génie. Plus spirituel et moins élevé, Bazile combat les distinctions scolastiques. « Ne me demandez pas, dit-il, quel est le grand ou le petit péché : le petit est celui que sait surmonter votre courage, et le grand est celui qui triomphe de vous. »

---

[1] Ambroise fut nommé par le peuple archevêque de Milan. Il était né vers l'an 340, dans les Gaules, dont son père était gouverneur. Il a laissé des traités sur l'Ecriture sainte. Il est mort à l'âge de 57 ans.

Jérôme naquit à Stridon, en Pannonie, l'an 331 ; il fut ordonné prêtre, et vint à Rome, où il fut le secrétaire du pape Damase. On lui reprocha une vie déréglée ; c'était une pure calomnie : ses accusateurs l'avouèrent plus tard. Il en conçut tant de chagrin qu'il se retira de Rome pour vivre à Bethléem, où il vécut en cénobite. Dans ses derniers momens, il regarda ceux qui étaient auprès de son lit, et leur dit : « Mes amis, prenez part à ma joie ; voici l'heureux instant où je vais être

Avec Grégoire de Nazianze, ami des lettres et de la vie champêtre, nous nous reportons au temps des patriarches. Augustin nous étonne par ce génie fécond, cette éloquence, cet entraînement de l'ame, qui font de lui le plus brillant des orateurs chrétiens. Il est impossible de ne pas être attendri par ses confessions, et de ne pas trouver du charme dans le récit de sa vie. Sa jeunesse, ses erreurs, ses égaremens, son repentir, tout porte l'empreinte d'une extrême sensibilité ; mais cette sensibilité, en l'irritant contre lui-même, le rend quelquefois trop sévère, trop intolérant pour les autres. L'homme qui fut autrefois un pécheur devrait pardonner avec plus d'indulgence à ceux qui pèchent

---

libre pour toujours. Que les hommes ont tort de peindre la mort si affreuse ! elle ne l'est que pour les méchans. Depuis que Jésus l'a aimée, elle plaît même dans les tortures, parce qu'elle est toujours accompagnée de l'espérance d'un bonheur éternel. Voulez-vous éprouver combien il est doux de mourir, tâchez de bien vivre. » Il a laissé beaucoup d'ouvrages de théologie.

Saint Basile est né à Césarée, en Cappadoce, l'an 329. Il fut avocat. Il se retira dans un désert, avec sa mère et sa sœur ; mais bientôt après il fut nommé évêque de Césarée. Il mourut en 379. Il a laissé des homélies, des lettres et des traités de morale. Il est mis au nombre des plus célèbres prédicateurs de la foi. (T.)

aujourd'hui [1]. Jérôme, converti comme lui, est plus mélancolique et moins rigoureux. Thomas, Antonin, se montrent au contraire plus faciles, plus traitables avec le monde : le premier permet jusqu'aux spectacles; le second autorise une joie décente, pourvu toutefois qu'on ne se livre pas à une gaîté folle ou à des bouffonneries indignes de la gravité chrétienne. Mais, parmi tous ces hommes, le plus fort en dialectique, le plus énergique et le plus véritablement éloquent, malgré l'âpreté de son style qui dévoile son origine africaine, c'est sans contredit Tertullien. M. de Châteaubriand s'exprime en ces termes, à l'égard de l'Apologétique des Chrétiens :

« Je ne sais (dit l'orateur, en reprochant le luxe « aux femmes chrétiennes); je ne sais si des mains « accoutumées aux bracelets pourront supporter le « poids des chaînes; si des pieds ornés de bandelettes « s'accoutumeront à la douleur des entraves. Je crains « bien qu'une tête couverte de réseaux de perles et « de diamants, ne laisse aucune place à l'épée. »

---

[1] Grégoire de Nazianze fut l'ami de saint Basile; il était né en 328, à Arianze, en Cappadoce. Il fut élu évêque de Constantinople, et convertit Théodose-le-Grand. Il vivait dans une mortification complète; il n'avait qu'un seul habit, ne portait pas de souliers, passait l'hiver sans feu, et ne couchait que sur la paille. Il est mort en 389. Il a laissé un recueil de lettres, des sermons et des poésies. (T.)

« Ces paroles, adressées à des femmes qu'on conduisoit tous les jours à l'échafaud, étincellent de courage et de foi.

« Nous regrettons de ne pouvoir citer tout entière l'Épître aux Martyrs, devenue plus intéressante pour nous depuis la persécution de Robespierre : « Illustres confesseurs de Jésus-Christ, « s'écrie Tertullien, un chrétien trouve dans la « prison les mêmes délices que les prophètes trou- « voient au désert.... Ne l'appelez plus un cachot, « mais une solitude. Quand l'ame est dans le ciel, « le corps ne sent point la pesanteur des chaînes; « elle emporte avec soi tout l'homme ! »

Ce dernier trait est sublime, dit l'auteur du Génie du Christianisme, et il aurait pu ajouter : Tout l'ouvrage de Tertullien est de la même force, soit que, se livrant à une dialectique pressante, il prouve au chef de l'empire que les chrétiens ont toujours été, plus que les païens, amis de l'ordre et de la paix; soit que, rappelant toutes les séditions et la mort même de Caligula, il ose demander si ces catastrophes sont l'ouvrage des partisans du Christ ou des idolâtres; soit enfin que, prenant un ton plus élevé, honteux pour ainsi dire d'être descendu si long-temps aux justifications, il offre tout-à-coup comme prochain, comme inévitable, le triomphe des chrétiens et

la chute de leurs persécuteurs. « Ouvrez les yeux,
« s'écrie-t-il; parcourez des regards vos rues, vos
« temples, vos places publiques : le règne de votre
« force est passé; partout les chrétiens croissent
« et se multiplient. Vos persécutions désormais
« seraient vaines; déjà leur victoire est assurée! »[1]

---

[1] Tertullien était natif de Carthage, et fils d'un simple soldat. Il fut d'abord avocat; ensuite il se convertit à la foi chrétienne. Il écrivit beaucoup; mais les docteurs lui reprochent quelques erreurs graves. Son Apologétique des Chrétiens est un chef-d'œuvre d'éloquence et d'érudition :

« On nous accuse, dit-il, de ne point honorer les empereurs par des sacrifices : nous n'offrons pas des victimes; mais nous prions, pour le salut des empereurs, le seul Dieu véritable, éternel : nous les respectons; mais nous ne les nommons pas dieux, parce que nous ne savons pas mentir. Au reste, notre fidélité ne sauroit être suspecte : vous en avez une preuve convaincante dans notre patience à souffrir la persécution : souvent le peuple nous jette des pierres; on brûle nos maisons; dans la fureur des bacchanales on n'épargne pas même les morts, on les tire de leurs sépulcres, et on les met en pièces. Qu'avons-nous fait pour nous venger de toutes ces injustices? Si nous voulions vous faire une guerre ouverte, manquerions-nous de forces et de troupes? Nous ne sommes que d'hier, et déjà nous remplissons vos villes, vos châteaux, vos bourgades, vos camps, le palais, le sénat, la place; nous ne vous laissons que vos temples. Ne serions-nous pas bien propres à la guerre, même à forces inégales, nous qui ne craignons pas la mort, si ce n'étoit une de nos maximes de la souffrir plutôt que de la donner? Il suffiroit même, pour

Les efforts de ces hommes saints étaient chaque jour couronnés de nouveaux succès. Qui serait tenté de douter de la grandeur de leur morale, de la puissance de leur talent, lorsqu'on les voit jeter hardiment dans l'avenir les bases de l'immense édifice des civilisations nouvelles ? Leur phi-

---

nous venger, de vous abandonner, et de nous retirer hors de l'empire : vous seriez épouvantés de votre solitude..... Nous faisons un seul corps, parce que nous avons la même religion, la même morale, les mêmes espérances ; nous nous assemblons pour prier Dieu en commun, comme si nous voulions le forcer à nous accorder nos demandes : cette violence lui est agréable. Ceux qui président à nos assemblées sont des vieillards d'une vertu éprouvée, qui sont parvenus à cet honneur, non par argent, mais par le bon témoignage de leur vie ; car, dans l'église de Dieu, rien ne se fait par argent. S'il y a chez nous quelque espèce de trésor, il ne fait pas honte à la religion : chacun y contribue comme il veut ; personne n'est contraint de donner : ce qui s'amasse ainsi est un dépôt sacré ; nous ne le dépensons point en festins inutiles ; mais il sert à l'entretien des orphelins, au soulagement des pauvres et de tous les malheureux. Il est étrange que cette charité soit pour quelques-uns un sujet de nous blâmer. Voyez, disent-ils, comme ils s'entr'aiment ; voyez comme ils sont prêts à mourir les uns pour les autres. Notre union les étonne, parce qu'ils se haïssent entr'eux. Comme nous n'avons tous qu'une ame et qu'un esprit, nous ne faisons pas de difficulté de nous communiquer nos biens : il ne faut donc pas être surpris si une telle amitié produit des repas communs. Ces repas communs se nomment *agapes*, qui veut dire charité.

losophie mérite de fixer notre attention ; la foi vive qui les animait leur inspirait cette philosophie, et, comme nous nous sommes demandé quels étaient les principes de Platon, de Cicéron, de tous les sages du paganisme, il est juste enfin d'examiner ici ce qu'est le christianisme, considéré

Les pauvres comme les riches y sont admis : tout s'y passe dans la modestie et l'honnêteté. Avant de se mettre à table, on fait la prière ; on s'y entretient, comme sachant que Dieu est présent. Le repas finit de la même manière qu'il a commencé, c'est-à-dire par la prière..... Comment peut-on dire que nous sommes inutiles au commerce de la vie ? Nous vivons avec vous ; nous usons de la même nourriture, des mêmes habits, des mêmes meubles ; nous ne rejetons rien de ce que Dieu a créé ; seulement nous en usons avec modération, rendant graces à celui qui en est l'auteur : nous naviguons avec vous, nous cultivons la terre, nous portons les armes, nous trafiquons avec vous. En quoi donc méritons-nous la mort ? Vous qui jugez les criminels, parlez ; y en a-t-il un seul qui soit chrétien ? J'en prends à témoin vos registres : parmi les malfaiteurs que l'on condamne tous les jours pour leurs crimes, il n'y a pas un seul chrétien, ou, s'il y est, ce ne peut être qu'à cause de son nom ; s'il y est pour une autre cause, il n'est plus chrétien. L'innocence est pour nous une nécessité ; nous la connoissons parfaitement, l'ayant apprise de Dieu, qui est un maître parfait, et nous la gardons fidèlement, comme ordonnée par ce juge que l'on ne peut tromper. »

Tertullien mourut vers l'an 216, sous le règne d'Antonin-Caracalla.   (T.)

comme source de morale, et appelé à exercer une si prodigieuse influence sur les hommes, dans le passé, dans le présent, dans l'avenir.

Pour le connaître, il ne faut pas s'égarer dans des théories mystiques, ni dans des suppositions idéales; l'évangile est si simple, si clairement écrit, qu'il est à la portée des intelligences vulgaires. Un coup-d'œil jeté sur ce divin livre nous en apprendra plus que les commentaires les plus savans.

Le premier principe qui nous frappe, celui devant lequel s'évanouissent tous les systèmes politiques amis de l'esclavage, est celui que consacrent ces mots : « il n'y aura parmi vous ni premier ni dernier. » Avant la Pâques, Jésus lave les pieds de ses apôtres. « Que faites-vous, seigneur ? lui disent-ils. — Vous m'avez appelé seigneur, répond Jésus, et pourtant je vous sers; en vérité, je vous le dis, le serviteur n'est pas plus que le maître, et l'ambassadeur pas plus que celui qui l'a envoyé. » Un pharisien se présente dans le temple, satisfait de lui-même, et se glorifiant devant Dieu de ce qu'il n'est ni voleur, ni homicide, ni adultère, comme tant de gens du monde. Auprès de lui, un publicain frappe sa poitrine, et s'accuse devant Dieu de ses vices dont il se repent. « Celui-ci, dit l'évangile, fut justifié; car quiconque s'élèvera sera abaissé, et quiconque s'abaisse sera élevé. »

Égalité des hommes devant Dieu, préférence donnée ou à la vertu modeste, ou au pécheur repentant, voilà la seule inégalité établie.

Second principe : amour des lumières et de la tolérance : « il n'y a personne qui, après avoir allumé une lampe, la couvre d'un boisseau ; on la met sur le flambeau, afin que ceux qui entrent voient la lumière. » On demande : comment cet homme sait-il les saintes lettres, lui qui n'a jamais étudié ? Et Jésus enseigne que la conviction fait l'éloquence, par ces mots : « Ma doctrine n'est pas ma doctrine, mais celle de celui qui m'a envoyé. — Combien de fois, lui dit Pierre, pardonnerai-je à mon frère, quand il aura péché contre moi ? est-ce jusqu'à sept fois ? — Mettez septante fois sept fois, répond le Christ. » Un docteur pharisien lui fait cette question pour le tenter : « Quel est le grand commandement de la loi ? — C'est celui-ci, répond Jésus : vous aimerez le Seigneur votre Dieu de toute votre ame, de toutes vos forces, de tout votre esprit. » Puis il ajoute : « Et voici le second commandement, *qui est semblable* au premier : vous aimerez votre prochain comme vous-mêmes. Toute la loi et les prophètes sont renfermés dans ces deux commandemens. » Remarquez bien ces mots : *qui est semblable.* Jésus n'a pas voulu qu'entre notre amour pour Dieu et notre amour pour les hommes il y eût aucune différence ; notre prochain doit nous être cher comme nous-mêmes, et presque autant que la divinité. Mais le docteur, pour l'embarrasser, continue : « Dites-nous qui est notre prochain ? » La réponse du Christ est admirable : « Un homme descendait de Jérusalem à Jéricho : dépouillé et blessé par des voleurs, il reste étendu sur le chemin ; un prêtre l'aperçoit, et poursuit sa route sans s'arrêter ; un lévite succède au prêtre, et continue aussi son voyage ; un samaritain s'arrête auprès du blessé, panse ses plaies avec de l'huile et du vin, le charge sur sa monture, le transporte dans une maison, et dit à l'hôte : « voilà deux « deniers pour soigner cet homme ; s'il vous en « coûte davantage, je vous rendrai le reste à mon « retour. » Notre prochain, c'est celui qui souffre ; les titres ne sont rien ; les œuvres de la charité sont tout aux yeux de Jésus.

Ecoutons-le parler de l'hospitalité : « Quand vous entrez dans une maison, bénissez ceux qui l'habitent : s'ils en sont dignes, votre bénédiction leur profitera ; s'ils n'en sont pas dignes, votre bénédiction ne sera pas perdue ; elle vous profitera à vous-mêmes. » On lui refuse l'hospitalité dans un bourg samaritain : « Que ne faites-vous, disent Jacques et Jean, tomber le feu du ciel sur

DIXIÈME SOIRÉE. 271

ces hommes ? — Ce n'est pas, répond le Christ, pour perdre les hommes que je suis venu, mais pour les sauver. »

Telle est la morale divine de l'évangile. Et au moment de la mort du Christ, dans l'instant même où s'exhale son dernier soupir, où les voiles du temple se déchirent, où la terre tremble, où les pierres se fendent, où le jour s'obscurcit, est-il étonnant d'entendre une voix vulgaire, celle du centenier préposé à sa garde, s'écrier avec douleur : « Assurément, celui qui vient de périr était un homme juste ! »

Si au nouveau testament on ajoute l'ancienne loi, on sait combien y ont puisé de richesses poétiques les esprits supérieurs. Ce n'est pas une inspiration ordinaire qui excite notre admiration dans la pompe solennelle de ces vers, où Racine, voulant imiter les prophètes, s'empare de leurs propres paroles :

> Mais d'où vient que mon cœur frémit d'un saint effroi ?
> Est-ce l'esprit divin qui s'empare de moi ?
> C'est lui-même ; il m'échauffe, il parle ; mes yeux s'ouvrent,
> Et les siècles obscurs devant moi se découvrent.
> Lévites, de vos sons prêtez-moi les accords,
> Et de ses mouvements secondez les transports.

Cette égalité devant Dieu, dont je parlais tout

à l'heure, ne respire-t-elle pas dans tous les vers de cette magnifique strophe de J.-B. Rousseau :

> Justes, ne craignez point le vain pouvoir des hommes ;
> Quelque élevés qu'ils soient, ils sont ce que nous sommes :
> Si vous êtes mortels, ils le sont comme vous.
> Nous avons beau vanter nos grandeurs passagères,
> Il faut mêler sa cendre aux cendres de ses pères,
> Et c'est le même Dieu qui nous jugera tous.

Les allemands, en philosophie, savent bien distinguer la foi du raisonnement. Ils ont opéré sur l'homme moral comme nos physiologistes ont opéré sur l'homme physique; et il en est résulté la connaissance approfondie, analysée, bien définie maintenant, d'un sentiment très-puissant dans l'ame, et qui n'est pas la raison : sentiment vrai qui a produit, sinon d'aussi grandes découvertes, au moins autant de sacrifices; qui diffère de la raison par sa nature même plus ardente, plus exaltée, et par ses exigences plus pressantes; c'est de la foi que j'ai voulu parler.

Elevés comme nous le sommes dans la philosophie de Locke et de Condillac, qui accorde tout à la faculté du raisonnement, et qui n'en admet pas d'autre, non seulement nous prenons en pitié toute croyance ou toute foi religieuse, mais encore, sûrs que nous sommes de notre propre jugement, nous ne voyons, dans les hommes qui ont été chrétiens, que des hypocrites ou des insensés. Ce ne sont pourtant pas des êtres dépourvus d'une imagination brillante que ceux dont la religion a exalté le génie appliqué aux arts. Interrogez l'architecture : elle vous répond avec une foule de temples et Saint-Pierre du Vatican, merveille du monde actuel. Interrogez la sculpture : Michel-Ange vous offre son Christ et sa superbe statue de Moïse. Interrogez la peinture : les noms du Poussin, de Lesueur, de Raphaël, se pressent dans la mémoire. Interrogez la poésie : Corneille et Racine se présentent tenant dans la main Polyeucte, Esther et Athalie. Sortez-vous du domaine des arts pour aborder les sciences et la philosophie ? Bacon, Descartes, Pascal, Newton, Leïbnitz, s'offrent tous ensemble pour protester contre des imputations d'incrédulité. Ces hommes n'étaient pas religieux par profession ni par devoir, comme les prêtres. En récusant ceux-ci, n'excepterons-nous pas Fénélon, par exemple, du soupçon de mauvaise foi ? J'en appelle à votre conscience, Messieurs : aucun de vous n'affirmera que Fénélon fut un hypocrite ; or Fénélon avait du génie, et il se place au rang des grands hommes que je viens de nommer. S'il nous arrive donc de traiter avec dédain ces croyances du christianisme, et de les laisser pour morale à nos serviteurs et à nos enfans, ne s'ensuivra-t-il pas que, ne pouvant être rangés dans cette classe, tant de génies célèbres seront évidemment accusés par nous, comme je le disais tout-à-l'heure, d'hypocrisie ou d'imbécillité?

Dégageons-nous de ces préjugés, comme depuis long-temps on s'est dégagé des préjugés contraires, et ne croyons pas qu'il n'y ait que deux voies pour l'homme, celle du fanatisme et celle de l'incrédulité. Une troisième existe : c'est la vérité, qui s'avance entre les routes extrêmes; cette vérité en religion est découverte par la foi, ou, si l'on veut, par le sentiment. C'est avec la foi, c'est avec le sentiment qu'on doit la chercher.

Qu'il descende donc de la chaire, et qu'il se confonde au milieu des hommes, l'orateur religieux qui veut procéder par des chiffres et me démontrer mathématiquement les vérités du christianisme! Il n'a pas compris sa mission sacrée; il n'a pas découvert la porte de l'âme à laquelle il doit frapper. Qu'il laisse les calculs aux indifférens! *Nuées sans eau, arbres sans fruit*, comme le dit un père de l'Eglise. En religion rien n'est certain, rien n'est démontré, rien ne se prouve; car ce qui est certain, c'est ce que la science peut prouver, et l'infini, qui partout existe, se dérobera toujours à nos démonstrations. L'homme ami de l'Evangile, qui l'aura médité profondément, y trouvera des remèdes à tous les maux, du baume pour toutes les douleurs; il saura que l'ame chrétienne, ou qui demande à l'être, est l'ame qui souffre et que la prière peut soulager. Un serrement de main à la mère qui vient de perdre son fils, au fils qui a perdu son père, quelques mots attendrissans, et une citation du texte sacré, feront plus de chrétiens en un jour que les plus savantes démonstrations dans toute la vie.

Mais la vérité, dira-t-on, est-elle hors du cercle de nos sensations? Comment juger quand les rapports de mes sens se taisent? Tout ne nous vient-il pas par les sens? Ne sont-ils pas le principe réel de nos connaissances? Il est vrai, et vous êtes forcés de l'admettre ainsi dans la science; mais convenez que, la nuit, quand votre œil s'égare dans les cieux à travers l'immensité, votre science cesse et vos conjectures commencent. Au-delà de ces mondes vous ne savez pas ce qui est, mais vous savez qu'il existe quelque chose, et jamais votre science ne démontrera qu'il n'existe rien. C'est alors que, s'élançant dans l'infini, l'homme peut *croire* sans être en contradiction avec lui-même. Dans ces rapports secrets entre Dieu et lui, c'est sa nature qui agit, c'est son ame qui s'exhale, et il ne pense pas alors que, hors des sens et de leur domaine, tout soit immédiatement fini. Et ces preuves dont vous faites tant de bruit, ces preuves des sens, n'ont-elles jamais abusé personne? Entendez raisonner un philosophe grec avant Périclès, il vous dira : « Je suis immobile, le dos tourné au nord : le soleil était ce matin à ma gauche, il est ce soir à ma droite ; mon immobilité m'étant connue, je suis sûr que le soleil a voyagé. » Maintenant franchissez les siècles, apprenez à ce sage que la révolution était produite par son mouvement propre autour du soleil, et qu'il a été dupe d'une illusion des sens : persistera-t-il à dire que hors du témoignage de ses sens il n'y a pas de vérité?

Non, rien n'est certain pour l'homme, dans la science comme dans la vie, puisque l'axiôme d'aujourd'hui n'en sera plus un dans un autre temps. Notre connaissance intérieure, voilà notre première science et notre première étude ; l'intelligence, c'est notre nature ; ses leçons et ses lois, sont notre destination ; or, avec ses facultés de jugement, l'ame veut connaître et s'instruire ; mais avec son enthousiasme, son exaltation généreuse, qualités qui ne sont point factices, l'ame veut croire, elle veut aimer, et ne repoussera point une religion qui est toute foi et tout amour.

Vous qui, dans le silence du cabinet, êtes si fort au-dessus de ces préjugés vulgaires, ames grandes et énergiques, ne vous est-il jamais, au moment du danger, au moment de la peur, survenu quelque émotion ou quelques terreurs religieuses ? Nul ne répondrait ici avec franchise ; mais, au fort de la tempête, en présence de la foudre et des flots irrités, croyez-vous qu'un souvenir, qu'une prière même à la Vierge n'ait pas erré plus d'une fois sur des lèvres accoutumées aux sarcasmes de l'incrédulité ?

Ne repoussons pas ce sentiment naturel, ne craignons pas d'entretenir ces émotions puissantes. Traçons, avec la science et ses lumières, des digues, afin que ce *fleuve d'eau vive*, pour parler comme l'Écriture, n'aille pas inonder la terre et s'égarer dans son cours ; mais ne desséchons pas cette source sacrée. Le christianisme, qui ressuscita les lumières, ne sera pas l'ennemi des lumières ; il ne sera pas l'ennemi des institutions, lui qui détruisit l'esclavage et qui inspira les institutions de tous les peuples modernes. Lié à notre morale, à notre philosophie, à nos intérêts les plus chers, il répandra sur eux sa douce influence, et, comme il a des consolations pour tous les revers, pour toutes les infortunes, il s'associera dignement à toutes nos gloires pour les ennoblir et les sanctifier. C'est à lui, aux résolutions qu'il inspire, au serment solennel qu'il exige, que les rois ont dû la fidélité des peuples, et les peuples la certitude de leurs droits et de leur liberté. C'était une justice toute chrétienne qu'imploraient les communes en réclamant leurs vieilles franchises ; ce fut un sentiment tout chrétien qui porta nos rois à les écouter. De la superstition du moyen âge élancé dans l'incrédulité du dernier siècle, l'homme semble se replier de nos jours, et chercher le repos de la conscience et de l'esprit. Ce besoin de croyance est aussi prononcé, à notre époque, que celui des institutions solides et libérales. Les hommes supérieurs de notre siècle l'ont senti. En cherchez-vous la preuve ? un publiciste (M. Guizot), qui ne médite que sur les affaires politiques, écrit en ce moment sur la foi ; un autre (M. Benjamin Constant), défenseur perpétuel des principes constitutionnels, consacre au sentiment religieux ses méditations et ses études; comme, d'autre part, l'illustre auteur du Génie du Christianisme, dont les preuves étaient déjà faites dans ce genre, se constitue, à son tour, le défenseur de nos droits et de nos libertés.

Tolérance pour toutes les opinions religieuses, tolérance pour toutes les opinions politiques ! Respect à la science, qui éclaire l'homme, respect à la foi, qui le rend heureux ! Que les haines s'effacent, et la religion sera accomplie; car, au moment de se séparer de ses disciples, les dernières paroles du Christ furent celles-ci : « Aimez-vous entre vous comme je vous aimais moi-même. » Que l'homme aime l'homme comme Dieu les aime tous, qu'il aime son prochain comme lui-même, alors toutes les institutions seront faciles, alors le règne du christianisme sera véritablement arrivé, pour tout vivifier et tout ennoblir.

FIN DU PREMIER VOLUME.

TABLE.

PREMIER VOLUME.

PRÉFACE. . . . . page v.
INTRODUCTION. . . . . xi.

1re SOIRÉE. — Discours préliminaire. De la Littérature en général ; Orphée. . . . . 1.

2e SOIRÉE. — Poètes grecs. Homère, Hésiode, Alcée, Pindare, Sapho, Anacréon, Théocrite. 19.

3e SOIRÉE. — Théâtre des Grecs. Eschyle, Euripide, Sophocle, Aristophane, Ménandre. De la Déclamation. . . . . 45.

4e SOIRÉE — Philosophes. Les sept Sages de la Grèce, Anaxagore, Socrate, Platon. . . . . . 71.

5e SOIRÉE. — Historiens et Orateurs grecs. Hérodote, Thucydide, Xénophon, Aspasie, Périclès, Eschine, Démosthène, Démétrius de Phalère, Aristote. . . . . 101.

6e SOIRÉE. — Orateurs romains. Caton, Scipion, les Gracques, Hortensius, Cicéron, Brutus. . 129.

7e SOIRÉE. — Siècle d'Auguste. Tibulle, Catulle, Ovide, Horace, Virgile. . . . . 161.

8e SOIRÉE. — Historiens avant l'Empire. Salluste, Tite-Live, Polybe, Quinte-Curce. . . . . . . 193.

9e SOIRÉE. —Térence, Plaute, Lucrèce, Sénèque, Quintilien, les deux Pline, Tacite, Plutarque . . 211.

10e SOIRÉE. — Eloquence chrétienne. Pères de l'Eglise. Jésus-Christ . . . . 257.

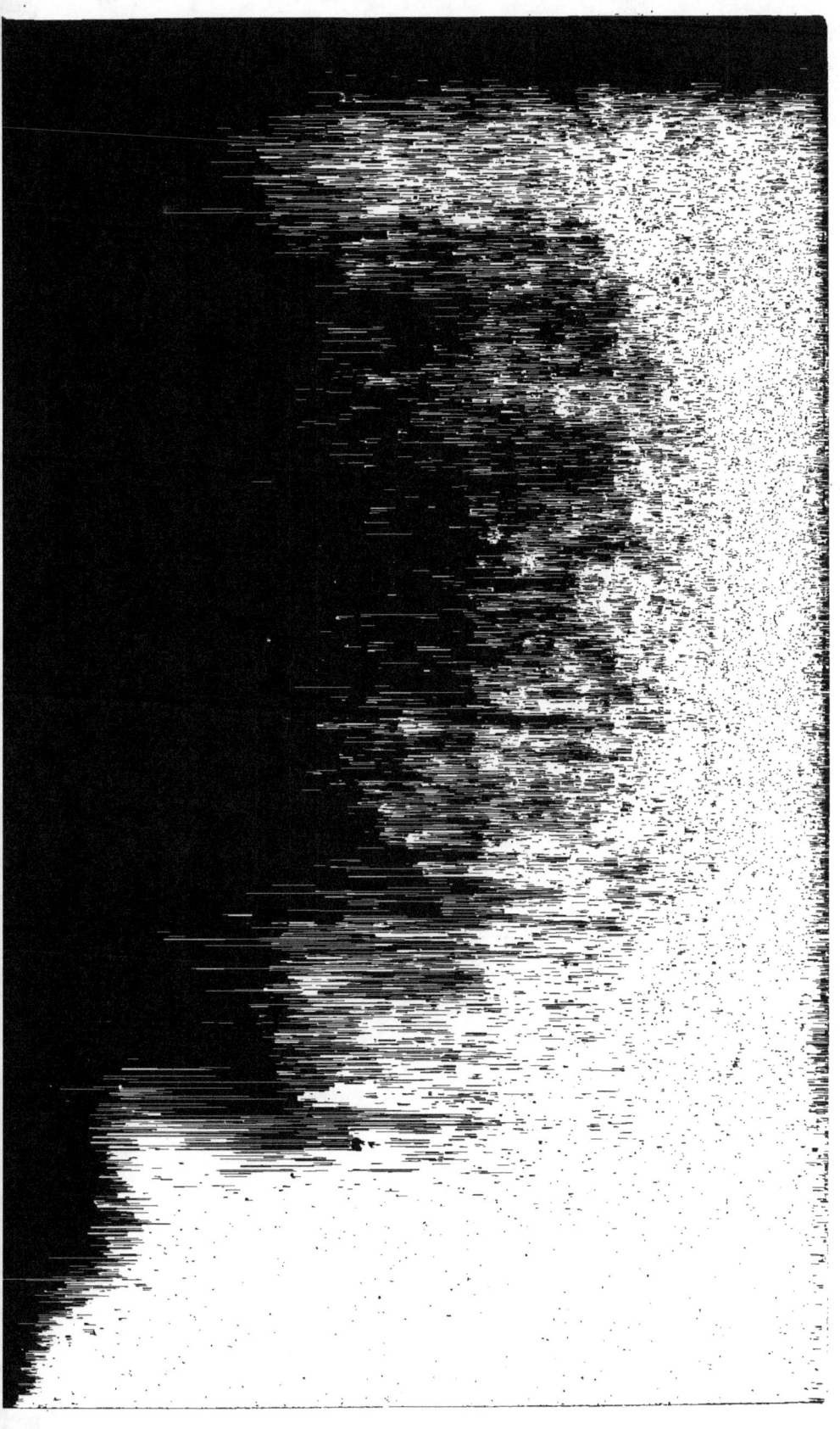

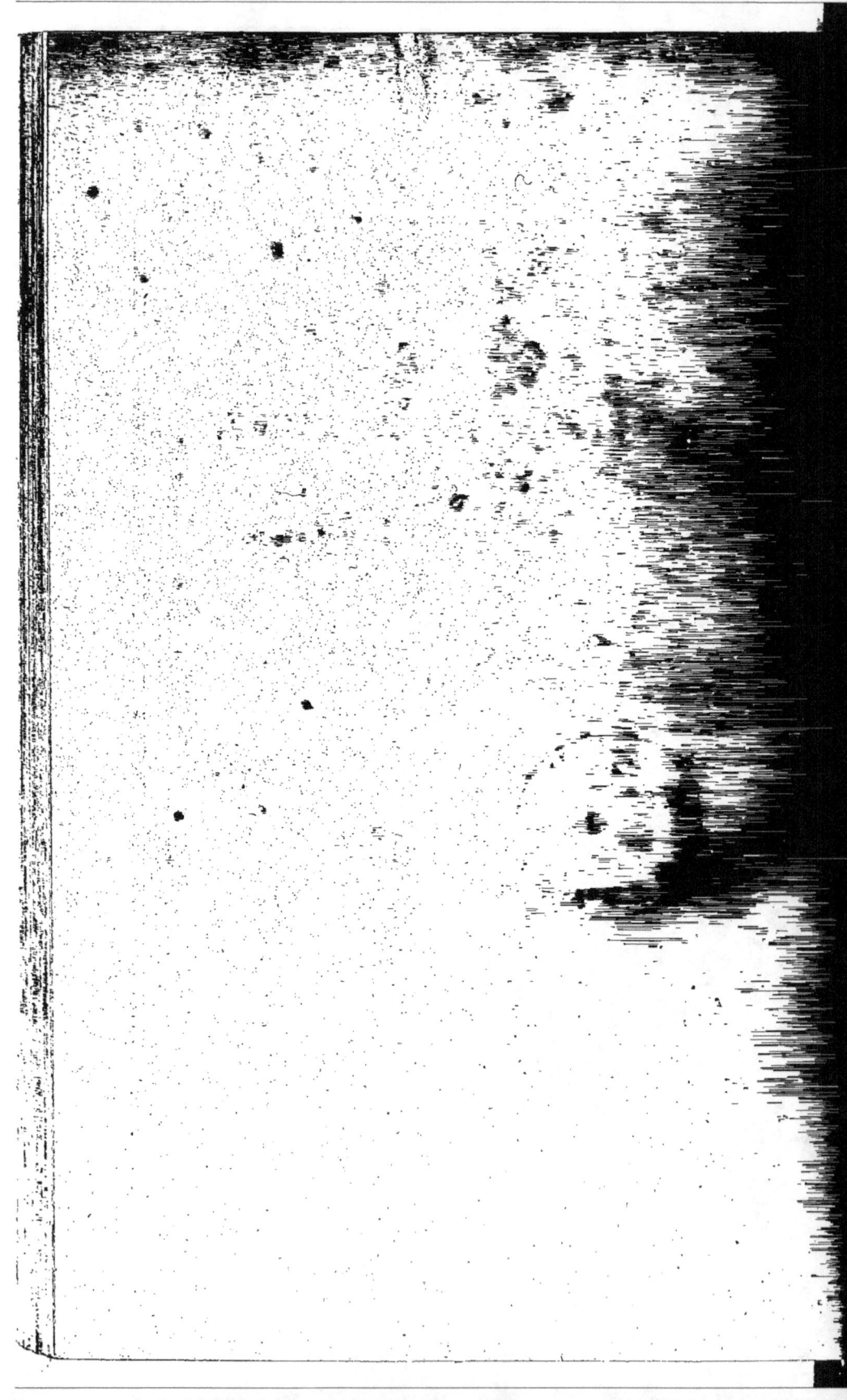

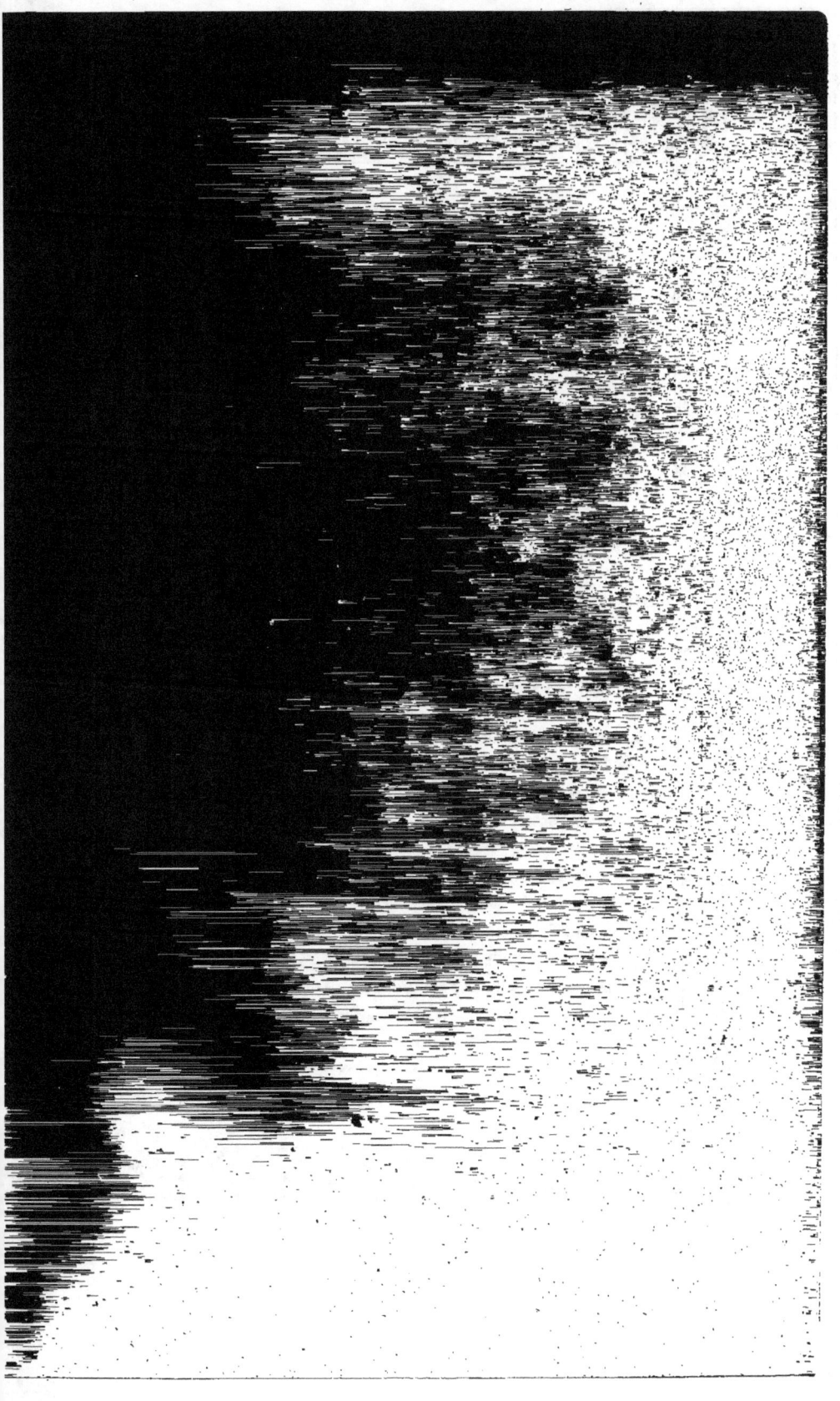

On trouve chez le même Libraire.

LE ROMAN DE ROU ET DES DUCS DE NORMANDIE, par Robert Wace, poëte normand du douzième siècle; publié, pour la première fois, d'après les manuscrits de France et d'Angleterre, avec des notes pour servir à l'intelligence du texte; par F. Pluquet. 2 vol. in-8. fig. .... 20 fr.

NOTICE sur la Vie et les Ecrits de Robert Wace, suivie de citations extraites de ses ouvrages, pour servir à l'histoire de Normandie; par F. Pluquet. gr. in-8. fig. .... 3 fr.

ROUEN; Précis de son Histoire; son Commerce, son industrie, ses Monumens, etc.; suivi de Notices sur les endroits les plus remarquables de ses environs; par Th. Licquet. in-12, plan. 3 fr. 50 c. — Le même, format in-8. plan..................................... 7 fr.

RECHERCHES sur l'Histoire religieuse et littéraire de Rouen, depuis les premiers temps jusqu'à Rollon; par Th. Licquet. in-8. .... 2 fr. 50 c.

DESCRIPTION historique de l'Eglise métropolitaine de Notre-Dame de Rouen; par Gilbert. in-8. fig. .... 3 fr.

DESCRIPTION historique de l'Eglise de Saint-Ouen de Rouen; par Gilbert. gr. in-8. fig. .... 6 fr.

ESSAI sur l'Abbaye de Fontenelle ou de Saint-Wandrille, et sur plusieurs autres monuments des environs; par E.-H. Langlois. in-8. fig. .... 10 fr.

DESCRIPTION historique des Maisons de Rouen les plus remarquables, par Delaquérière. in-8. fig. .... 10 fr.

ESSAI sur l'Eglise et l'Abbaye de Saint-Georges-de-Bocherville près Rouen; par Achille Deville. in-4. fig. .... 15 fr.

RÉSUMÉ de l'Histoire de Normandie; par L. Dubois. in-18... 2 fr.

LETTRES sur la ville de Rouen, ou Précis de son histoire topographique, civile, ecclésiastique et politique; par Lesguilliez. in-8. .... 7 fr.

HISTOIRE du Duché de Normandie; par Goube. 3 vol. in-8.. 18 fr.

1.re LIVRAISON.

Soirées Littéraires,

ou

COURS

DE LITTÉRATURE COMPARÉE,

A l'usage des Gens du Monde,

IMPROVISÉ DANS LA GRANDE SALLE DE L'HÔTEL-DE-VILLE, A ROUEN,

Par M. Ch. DURAND;

RECUEILLI PAR M. TOUGARD,

Avocat, Membre de la Société Libre d'Emulation de la même Ville,

ET REVU PAR LE PROFESSEUR.

> S'occuper, c'est savoir jouir;
> L'oisiveté pèse et tourmente.
> L'ame est un feu qu'il faut nourrir,
> Et qui s'éteint s'il ne s'augmente.
> VOLTAIRE.

ROUEN.
ÉDOUARD FRÈRE, ÉDITEUR,
LIBRAIRE DE LA BIBLIOTHÈQUE PUBLIQUE.

M. DCCC. XXVIII.

ROUEN. IMP. DE NICÉTAS PERIAUX LE JEUNE, RUE DE LA VICOMTÉ, N° 55.

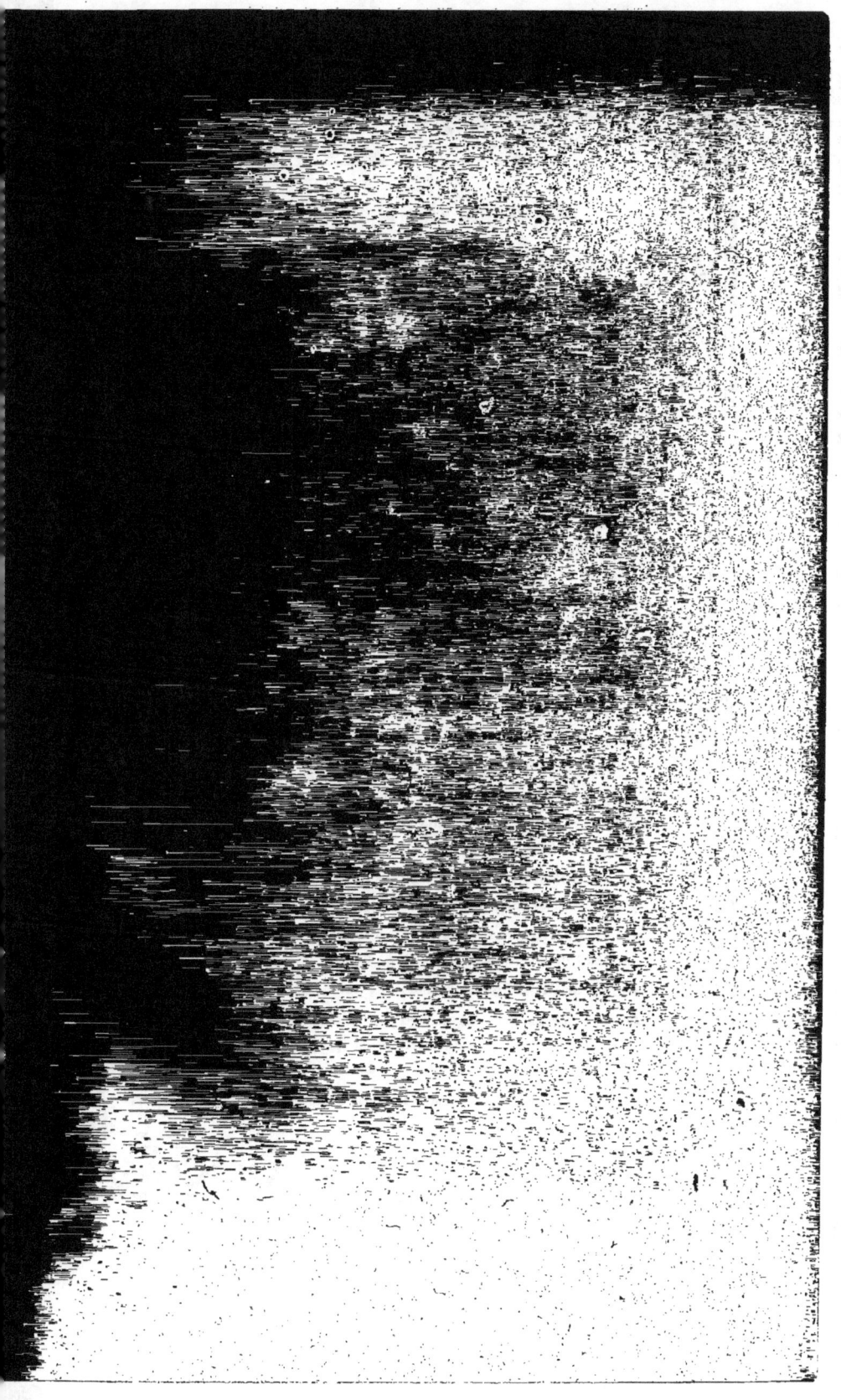

On trouve chez le même Libraire.

Le Roman de Rou et des Ducs de Normandie, par Robert Wace, poète normand du douzième siècle; publié, pour la première fois, d'après les manuscrits de France et d'Angleterre, avec des notes pour servir à l'intelligence du texte; par F. Pluquet. 2 vol. in-8. fig. .... 20 fr.

Notice sur la Vie et les Ecrits de Robert Wace, suivie de citations extraites de ses ouvrages, pour servir à l'histoire de Normandie; par F. Pluquet. gr. in-8. fig. .... 5 fr.

Rouen; Précis de son Histoire; son Commerce, son industrie, ses Monumens, etc.; suivi de Notices sur les endroits les plus remarquables de ses environs; par Th. Licquet. in-12, plan. 3 fr. 50 c.
— Le même, *format* in-8. plan .... 7 fr.

Recherches sur l'Histoire religieuse, morale et littéraire de Rouen, depuis les premiers temps jusqu'à Rollon; par Th. Licquet. in-8 .... 2 fr. 50 c.

Description historique de l'Eglise métropolitaine de Notre-Dame de Rouen; par Gilbert. in-8. fig. .... 2 fr. 50 c.

Description historique de l'Eglise de Saint-Ouen de Rouen; par Gilbert. gr. in-8. fig. .... 6 fr.

Essai sur l'Abbaye de Fontenelle ou de Saint-Wandrille, et sur plusieurs autres monuments des environs; par E.-H. Langlois. in-8. fig. .... 10 fr.

Description historique des Maisons de Rouen les plus remarquables; par Delaquérière. in-8. fig. .... 10 fr.

Essai sur l'Eglise et l'Abbaye de Saint-Georges-de-Bocherville près Rouen; par Achille Deville. in-4. fig. .... 15 fr.

Résumé de l'Histoire de Normandie; par L. Dubois. in-18 ... 2 fr.

Lettres sur la ville de Rouen, ou Précis de son histoire topographique, civile, ecclésiastique et politique; par Lesguilliez. in-8. .... 7 fr.

Histoire du Duché de Normandie; par Goube. 3 vol. in-8.. 18 fr.

4ᵉ LIVRAISON.

Soirées Littéraires,

ou

COURS

DE LITTÉRATURE COMPARÉE,

A l'usage des Gens du Monde,

IMPROVISÉ DANS LA GRANDE SALLE DE L'HOTEL-DE-VILLE, A ROUEN,

Par M. Ch. DURAND;

RECUEILLI PAR M. TOUGARD,

Avocat, Membre de la Société Libre d'Emulation de la même Ville,

ET REVU PAR LE PROFESSEUR.

> S'occuper, c'est savoir jouir ;
> L'oisiveté pèse et tourmente.
> L'ame est un feu qu'il faut nourrir,
> Et qui s'éteint s'il ne s'augmente.
> VOLTAIRE.

ROUEN.

ÉDOUARD FRÈRE, ÉDITEUR,

LIBRAIRE DE LA BIBLIOTHÈQUE PUBLIQUE.

M. DCCC. XXVIII.

ROUEN. IMP. DE NICÉTAS PERIAUX LE JEUNE, RUE DE LA VICOMTÉ, N° 55.

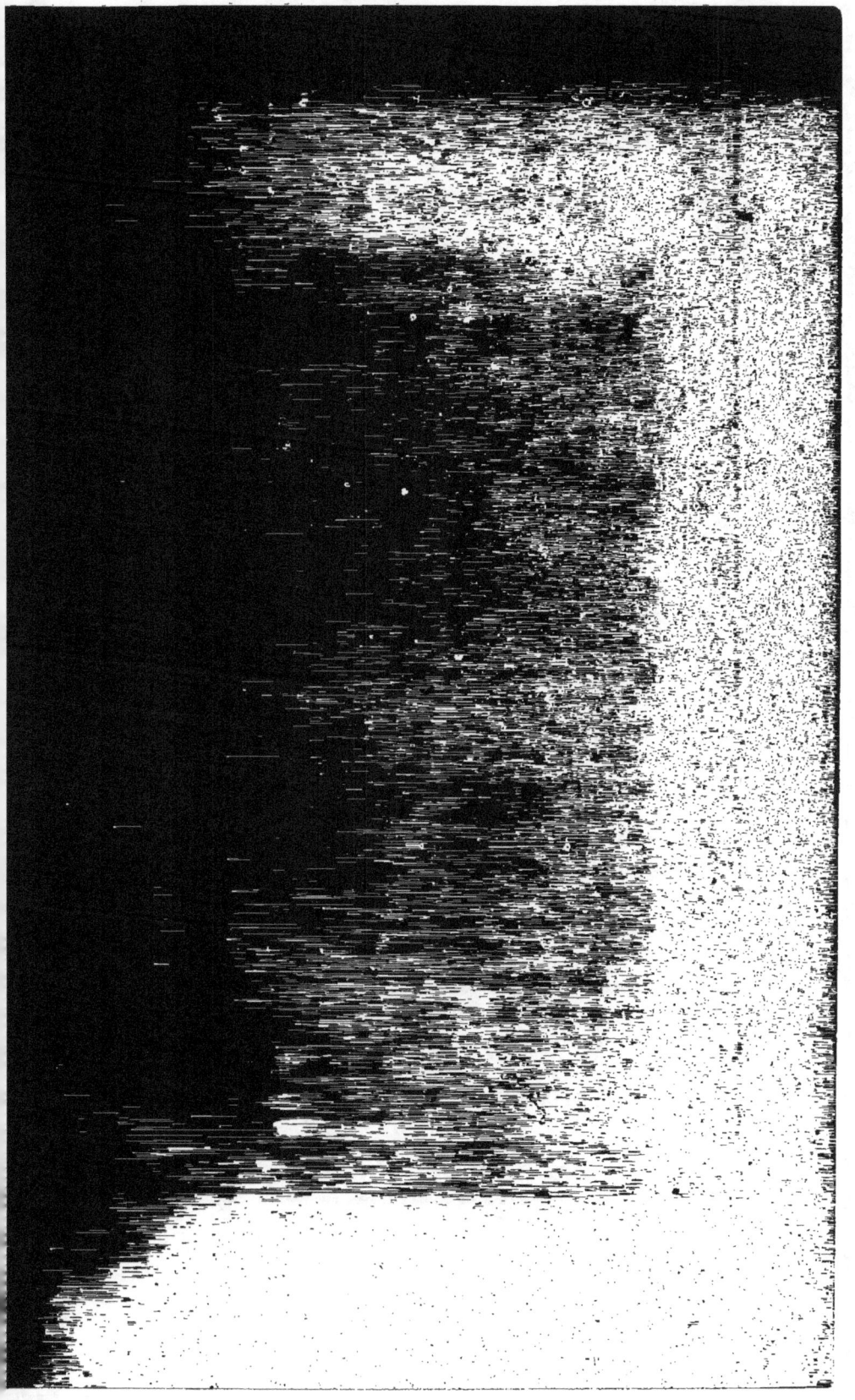

On trouve chez le même Libraire.

LE ROMAN DE ROU ET DES DUCS DE NORMANDIE, par Robert Wace, poète normand du douzième siècle; publié, pour la première fois, d'après les manuscrits de France et d'Angleterre, avec des notes pour servir à l'intelligence du texte; par F. Pluquet. 2 vol. in-8. fig. .... 20 fr.

NOTICE sur la Vie et les Ecrits de Robert Wace, suivie de citations extraites de ses ouvrages, pour servir à l'histoire de Normandie; par F. Pluquet. gr. in-8. fig. .... 5 fr.

ROUEN; Précis de son Histoire; son Commerce, son industrie, ses Monumens, etc.; suivi de Notices sur les endroits les plus remarquables de ses environs; par Th. Licquet. in-12, plan. 3 fr. 50 c.
— Le même, *format* in-8. plan .... 7 fr.

RECHERCHES sur l'Histoire religieuse, morale et littéraire de Rouen, depuis les premiers temps jusqu'à Rollon; par Th. Licquet. in-8. .... 2 fr. 50 c.

DESCRIPTION historique de l'Eglise métropolitaine de Notre-Dame de Rouen; par Gilbert. in-8. fig. .... 2 fr. 50 c.

DESCRIPTION historique de l'Eglise de Saint-Ouen de Rouen; par Gilbert. gr. in-8. fig. .... 6 fr.

ESSAI sur l'Abbaye de Fontenelle ou de Saint-Wandrille, et sur plusieurs autres monuments des environs; par E.-H. Langlois. in-8. fig. .... 10 fr.

DESCRIPTION historique des Maisons de Rouen les plus remarquables; par Delaquérière. in-8. fig. .... 10 fr.

ESSAI sur l'Eglise et l'Abbaye de Saint-Georges-de-Bocherville près Rouen; par Achille Deville. in-4. fig. .... 15 fr.

RÉSUMÉ de l'Histoire de Normandie; par L. Dubois. in-18. .. 2 fr.

LETTRES sur la ville de Rouen, ou Précis de son histoire topographique, civile, ecclésiastique et politique; par Lesguilliez. in-8. .... 7 fr.

HISTOIRE du Duché de Normandie; par Goube. 3 vol. in-8. 18 fr.

5.ᵉ LIVRAISON.

Soirées Littéraires,

ou

COURS

DE LITTÉRATURE COMPARÉE,

A l'usage des Gens du Monde,

IMPROVISÉ DANS LA GRANDE SALLE DE L'HOTEL-DE-VILLE, A ROUEN,

PAR M. Ch. DURAND;

RECUEILLI PAR M. TOUGARD,

Avocat, Membre de la Société Libre d'Emulation de la même Ville,

ET REVU PAR LE PROFESSEUR.

> S'occuper, c'est savoir jouir;
> L'oisiveté pèse et tourmente.
> L'ame est un feu qu'il faut nourrir,
> Et qui s'éteint s'il ne s'augmente.
> VOLTAIRE.

ROUEN.
ÉDOUARD FRÈRE, ÉDITEUR,
LIBRAIRE DE LA BIBLIOTHÈQUE PUBLIQUE.

M. DCCC. XXVIII.

ROUEN. IMP. DE NICÉTAS PERIAUX LE JEUNE, RUE DE LA VICOMTÉ, Nᵒ 55.

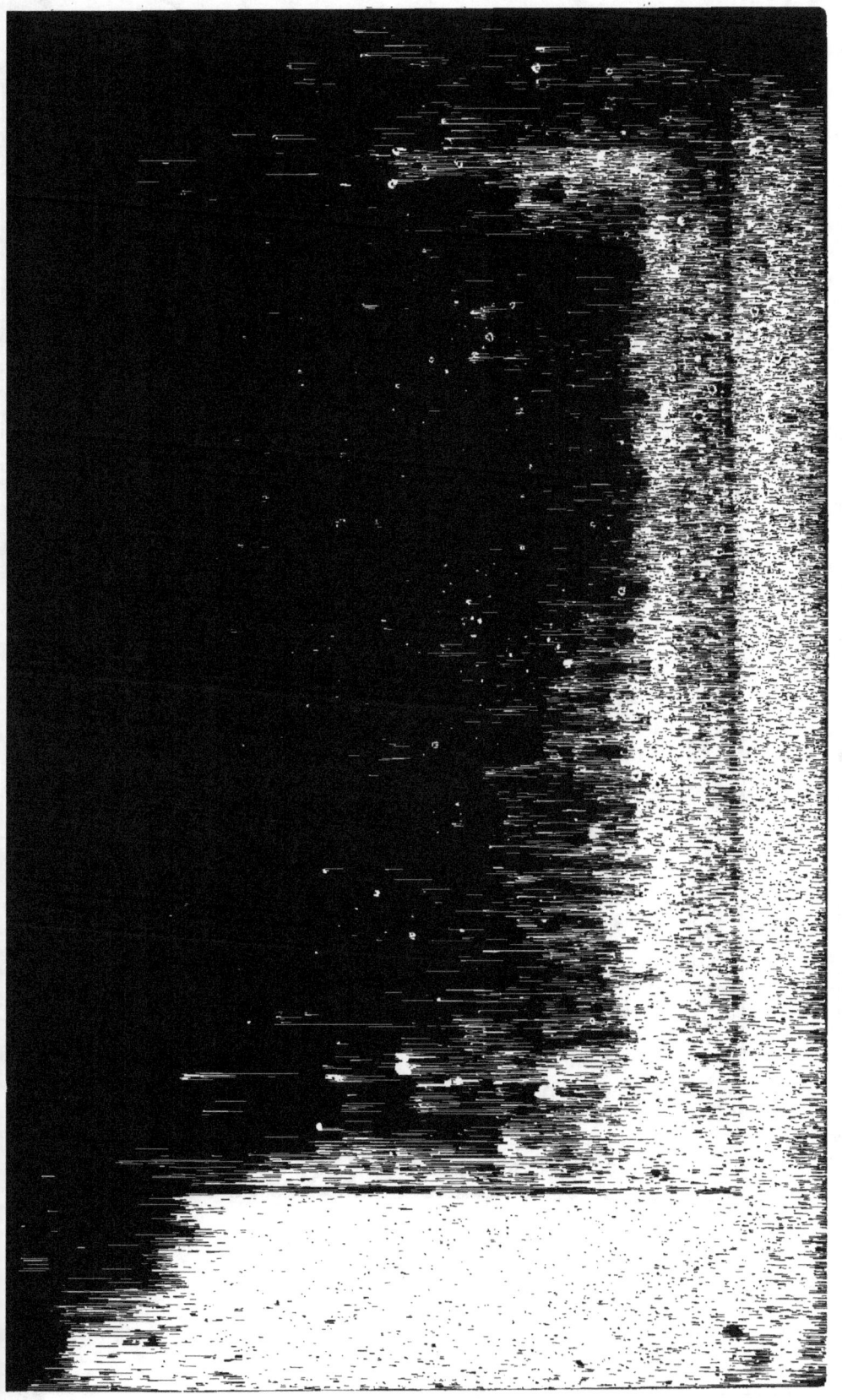

On trouve chez le même Libraire.

Le Roman de Rou et des Ducs de Normandie, par Robert Wace, poète normand du douzième siècle; publié, pour la première fois, d'après les manuscrits de France et d'Angleterre, avec des notes pour servir à l'intelligence du texte; par F. Pluquet. 2 vol. in-8. fig. .... 20 fr.

Notice sur la Vie et les Écrits de Robert Wace, suivie de citations extraites de ses ouvrages, pour servir à l'histoire de Normandie; par F. Pluquet. gr. in-8. fig. .... 5 fr.

Rouen; Précis de son Histoire; son Commerce, son industrie, ses Monumens, etc.; suivi de Notices sur les endroits les plus remarquables de ses environs; par Th. Licquet. in-12, plan. 3 fr. 50 c.
— Le même, *format* in-8. plan .... 7 fr.

Recherches sur l'Histoire religieuse, morale et littéraire de Rouen, depuis les premiers temps jusqu'à Rollon; par Th. Licquet. in-8. .... 2 fr. 50 c.

Description historique de l'Église métropolitaine de Notre-Dame de Rouen; par Gilbert. in-8. fig. .... 2 fr. 50 c.

Description historique de l'Église de Saint-Ouen de Rouen; par Gilbert. gr. in-8. fig. .... 6 fr.

Essai sur l'Abbaye de Fontenelle ou de Saint-Wandrille, et sur plusieurs autres monuments des environs; par E.-H. Langlois. in-8. fig. .... 10 fr.

Description historique des Maisons de Rouen les plus remarquables; par Delaquérière. in-8. fig. .... 10 fr.

Essai sur l'Église et l'Abbaye de Saint-Georges-de-Bocherville près Rouen; par Achille Deville. in-4. fig. .... 15 fr.

Résumé de l'Histoire de Normandie; par L. Dubois. in-18... 2 fr.

Lettres sur la ville de Rouen, ou Précis de son histoire topographique, civile, ecclésiastique et politique; par Lesguilliez. in-8. .... 7 fr.

Histoire du Duché de Normandie; par Goube. 3 vol. in-8.. 18 fr.

6ᵉ LIVRAISON.

Soirées Littéraires,

ou

COURS

DE LITTÉRATURE COMPARÉE,

A l'usage des Gens du Monde,

IMPROVISÉ DANS LA GRANDE SALLE DE L'HOTEL-DE-VILLE, A ROUEN,

Par M. Ch. DURAND;

RECUEILLI PAR M. TOUGARD,

Avocat, Membre de la Société Libre d'Emulation de la même Ville,

ET REVU PAR LE PROFESSEUR.

> S'occuper, c'est savoir jouir;
> L'oisiveté pèse et tourmente.
> L'ame est un feu qu'il faut nourrir,
> Et qui s'éteint s'il ne s'augmente.
> VOLTAIRE.

ROUEN.

ÉDOUARD FRÈRE, ÉDITEUR,

LIBRAIRE DE LA BIBLIOTHÈQUE PUBLIQUE.

M. DCCC. XXVIII.

ROUEN. IMP. DE NICÉTAS PERIAUX LE JEUNE, RUE DE LA VICOMTÉ, Nº 55.

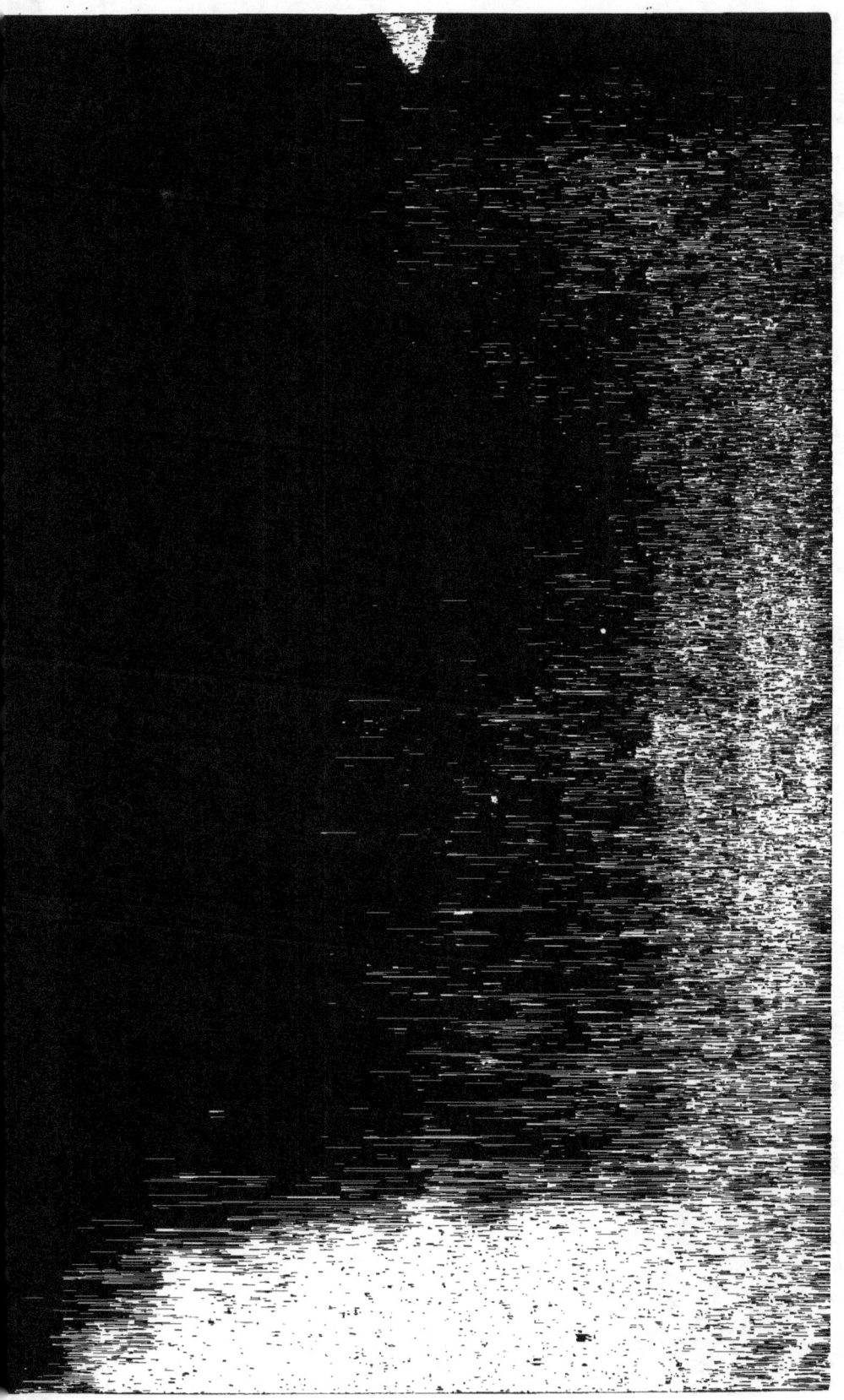

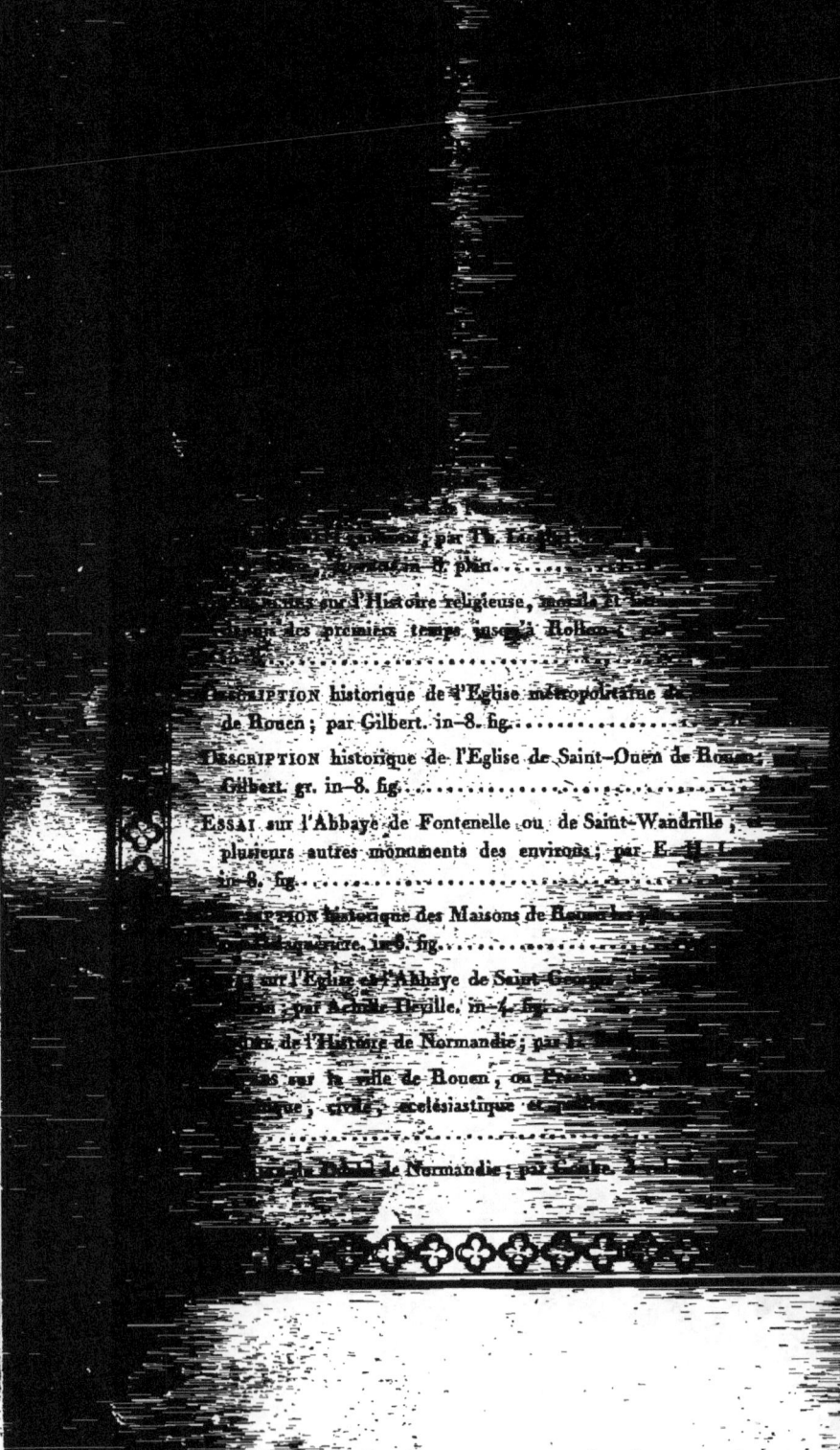

........; par Th. L........
..............n & plan..........
.... sur l'Histoire religieuse, morale et ....
.... des premiers temps jusqu'à Rollon ; .....

DESCRIPTION historique de l'Eglise métropolitaine de ....
de Rouen ; par Gilbert. in-8. fig. ....
DESCRIPTION historique de l'Eglise de Saint-Ouen de Rouen ; ....
Gilbert. gr. in-8. fig. ....
ESSAI sur l'Abbaye de Fontenelle ou de Saint-Wandrille ; ....
plusieurs autres monuments des environs ; par E. H. L.....
in-8. fig. ....
........ION historique des Maisons de Rouen ....
........quatrième. in-8. fig. ....
.... sur l'Eglise et l'Abbaye de Saint-Georges ....
.... ; par Achille Deville. in-4. fig. ....
.... de l'Histoire de Normandie ; par L.....
........s sur la ville de Rouen, ou l'........
........que ; civile, ecclésiastique et ....
....
.... de Rouen de Normandie ; par ....

www.ingramcontent.com/pod-product-compliance
Lightning Source LLC
Chambersburg PA
CBHW050159230526
45470CB00001B/158